PHYSIK

in Formeln und Beispielen

von Fachschuldozent Dipl.-Phys. Dietmar Mende, Riesa
und Fachschuldozent Dipl.-Ing.-Päd. Hellmut Spretke, Halle/S.
unter Mitarbeit von Studiendirektor Dipl.-Phys. Wolfgang Körner,
Leipzig

Mit 113 Bildern, 26 Tabellen und 112 Beispielen

Friedr. Vieweg & Sohn Braunschweig/Wiesbaden

1981

© VEB Fachbuchverlag Leipzig 1981

Lizenzausgabe mit Genehmigung des VEB Fachbuchverlag Leipzig
für Friedrich Vieweg & Sohn Verlagsgesellschaft mbH Braunschweig

Satz und Druck: Messedruck Leipzig, Bereich Borsdorf III-18-328

ISBN-13: 978-3-528-04195-3   e-ISBN-13: 978-3-322-86080-4
DOI: 10.1007/ 978-3-322-86080-4

Vorwort

Wiederholung und Übung dienen der Festigung des Wissens. Damit ist auch die Aufgabe umrissen, die sich Autoren und Verlag mit der Herausgabe des vorliegenden Buches gestellt haben: Auf einem Niveau, das etwa dem der Fachhochschulen entspricht, werden die wichtigsten physikalischen Sachverhalte zusammengefaßt und an ausgewählten praktischen Beispielen verständlich gemacht.
„Physik in Formeln und Beispielen" ist kein Lehrbuch, sondern ein kompakter Leitfaden. Es wird vorausgesetzt, daß der Leser bereits die Fakten kennengelernt und die Zusammenhänge begriffen hat. Das Buch soll ihm helfen, frühere Kenntnisse zu reaktivieren, physikalische Gesetze wieder zu verstehen und anzuwenden.
Die Lösungen der Beispiele sind verschieden ausführlich gehalten, um den unterschiedlichen Ansprüchen der Leser gerecht zu werden.
Es sei noch darauf hingewiesen, daß konsequent das Internationale Einheitensystem (SI) angewendet wird. Alle Gleichungen sind als Größengleichungen zu verstehen.
Autoren und Verlag danken Herrn Dipl.-Phys. Günther KOKSCH für Anregungen zur Abfassung des Manuskripts.

Autoren und Verlag

Inhaltsverzeichnis

1	**Größen, Einheiten, Gleichungen**	9
1.1	Größen und Einheiten	9
1.2	Physikalische Gleichungen	10
1.3	Vektoren	11
Tabellen:		
1.1	Basisgrößen und Basiseinheiten	13
1.2	Vorsätze zur Bildung von dezimalen Vielfachen und Teilen der SI-Einheiten	13
2	**Kinematik**	14
2.1	Grundbegriffe	14
2.2	Geschwindigkeit und Beschleunigung	15
2.3	Geradlinige Bewegung	16
2.4	Rotation und Kreisbewegung	19
2.5	Krummlinige Bewegung	21
Tabelle:		
2.1	Winkeleinheiten	23
3	**Dynamik**	24
3.1	Masse und Kraft	24
3.2	Spezielle Kräfte	25
3.3	Mechanische Arbeit, Energie, Leistung, Wirkungsgrad	30
3.4	Impuls und Kraftstoß	33
3.5	Massenmittelpunkt eines Systems von Massenpunkten	35
3.6	Drehmoment und Massenträgheitsmoment	36
3.7	Analogiebeziehungen zwischen Dynamik der Translation und Dynamik der Rotation	38
3.8	Drehimpuls	39
3.9	Schwerpunkt und Gleichgewicht	40
Tabellen:		
3.1	Dichte fester Stoffe	41
3.2	Dichte von Flüssigkeiten	41
3.3	Dichte von Gasen	41
3.4	Elastizitätswerte	42
3.5	Haftreibungs- und Gleitreibungszahl	42
3.6	Fahrwiderstandszahl	42
3.7	Massenträgheitsmoment einiger regelmäßiger Körper	43
4	**Mechanik der Flüssigkeiten und Gase**	44
4.1	Ruhende Flüssigkeiten und Gase	44
4.2	Strömende Flüssigkeiten und Gase	47
Tabellen:		
4.1	Dynamische Viskosität	50
4.2	Widerstandsbeiwert	50
5	**Kinetische Theorie der Wärme**	51
5.1	Grundbegriffe	51
5.2	Thermodynamische Wahrscheinlichkeit	52
5.3	Ideales Gas	52

5.4	Druck, Temperatur und mittlere kinetische Energie	53
5.5	Zustandsgleichung des idealen Gases (1. Form)	53
5.6	Freiheitsgrade und Gleichverteilungssatz	54
5.7	Innere Energie	54
5.8	Mittlere freie Weglänge	55

6 Thermodynamik . . . 56

6.1	Temperatur	56
6.2	Energieumwandlungen	57
6.3	Zustandsänderungen des idealen Gases	59
6.4	Kreisprozesse und 2. Hauptsatz der Thermodynamik	63
6.5	Phasen und Phasenänderungen	65
6.6	Wärmetransport	66

Tabellen:

6.1	Längenausdehnungskoeffizient und spezifische Wärmekapazität fester Stoffe	68
6.2	Raumausdehnungskoeffizient und spezifische Wärmekapazität von Flüssigkeiten	68
6.3	Schmelzen und Verdampfen	69
6.4	Heizwerte	69
6.5	Molare Masse, spezifische Wärmekapazitäten und Adiabatenexponent von Gasen	69
6.6	Luftfeuchte	70
6.7	Wärmeleitfähigkeit	70

7 Gleichstromkreis . . . 71

7.1	Einfacher Stromkreis	71
7.2	Ohmsches Gesetz	73
7.3	Elektrische Arbeit und Leistung	74
7.4	Spannungsabfall in der Spannungsquelle	74
7.5	Kirchhoffsche Gesetze	76
7.6	Reihen- und Parallelschaltung von Widerständen (Übersicht)	77
7.7	Anwendungen in der Meßtechnik	78

Tabelle:

7.1	Spezifischer elektrischer Widerstand	79

8 Elektrisches und magnetisches Feld . . . 80

8.1	Größen des elektrischen Feldes	80
8.2	Kapazität und Kondensator	82
8.3	Größen des magnetischen Feldes	84
8.4	Induktionsvorgänge	87
8.5	Magnetischer Kreis	89
8.6	Analogie zwischen Größen und Einheiten des elektrischen und magnetischen Feldes	91

Tabelle:

8.1	Dielektrizitätszahl	91

9 Leitungsvorgänge in Gasen und Flüssigkeiten . . . 92

9.1	Grundlagen des Leitungsmechanismus	92
9.2	Elektronenstrom durch das Vakuum	92
9.3	Stromleitung in Gasen	93
9.4	Stromleitung in Flüssigkeiten	94

10 Schwingungen . . . 95

10.1	Kinematik der Sinusschwingung	95
10.2	Dynamik der Sinusschwingung	98
10.3	Elektrische Eigenschwingung	101
10.4	Wechselstrom	102
10.5	Drehstrom	106

11	**Wellen**	108
11.1	Allgemeine Eigenschaften und Verhalten der Wellen	108
11.2	Wellenfeldgrößen	109
11.3	Schall	110
11.4	Elektromagnetische Wellen	112
Tabellen:		
11.1	Schallgeschwindigkeit in verschiedenen Stoffen	114
11.2	Zulässiger Lärm in Räumen	115
11.3	Lichtgeschwindigkeit in verschiedenen Stoffen	115
12	**Geometrische Optik**	116
12.1	Grundbegriffe	116
12.2	Reflexion. Ebener Spiegel	117
12.3	Gekrümmte Spiegel (Hohl- und Wölbspiegel)	118
12.4	Brechung des Lichts. Totalreflexion	120
12.5	Linsen	122
12.6	Optische Instrumente	124
Tabelle:		
12.1	Brechzahl verschiedener Stoffe	126
13	**Relativität und Quanten**	127
13.1	Spezielle Relativitätstheorie	127
13.2	Quanten	128
14	**Atom- und Kernphysik**	131
14.1	Bestandteile des Atoms	131
14.2	Atomhülle	131
14.3	Atomkern	134
Tabelle:		
14.1	Physikalische Konstanten	136

In einer Tabelle bedeutet *, daß der Wert stark schwankt; es wird ein Durchschnittswert angegeben.

1 Größen, Einheiten, Gleichungen

1.1 Größen und Einheiten

1.1.1 Größe

Meßbare Eigenschaft eines physikalischen Objekts. (Beispiel: Masse m; Geschwindigkeit v)

	Wert einer Größe	gleich	Zahlenwert	mal	Einheit
	X	$=$	$\{X\}$		$[X]$
(Beispiel:	m	$=$	5		kg
			$\{m\} = 5$		$[m] =$ kg)

Größenart

Gesamtheit der Größen einer bestimmten Art.

1.1.2 Basisgrößen

werden durch Worterklärung und Meßvorschrift definiert.

1.1.3 Abgeleitete Größen

werden durch Definitionsgleichungen auf Basisgrößen zurückgeführt.
(Beispiel: $v = s\, t^{-1}$)

1.1.4 Einheit

Zweckmäßig gewählte Größe der betreffenden Größenart.
(Beispiel: $[m] =$ kg; $[v] =$ km h^{-1})

1.1.5 Internationales Einheitensystem (SI)

Das Internationale Einheitensystem (Système International d'Unités, abgekürzt SI) ist gesetzliches System der Einheiten physikalischer Größen.

1.1.6 Basiseinheiten des SI

werden durch Festlegen eines Urmaßes (Naturkonstante oder Prototyp) definiert.
$\rightarrow$ *Tab. 1.1*

1.1.7 Abgeleitete Einheiten

werden durch Definitionsgleichungen (Einheitengleichungen) auf Basiseinheiten zurückgeführt. (Beispiel: $[v] = [s]\,[t]^{-1} = $ m s^{-1})

Abgeleitete SI-Einheiten

werden aus den Basiseinheiten unter ausschließlicher Verwendung des Zahlenfaktors 1 hergeleitet. (Beispiel: 1 N = 1 kg m s^{-2})

SI-fremde Einheiten

werden aus den SI-Einheiten hergeleitet, wobei Zahlenfaktoren $\neq 1$ auftreten. Zwei Fälle sind zu unterscheiden:
- Der Zahlenfaktor ist eine Zehnerpotenz: Verwendung der Vorsätze zur Bildung von dezimalen Vielfachen und Teilen von Einheiten. (Beispiel: 1 km = 10^3 m)
  $\rightarrow$ *Tab. 1.2*
- Der Zahlenfaktor ist keine Zehnerpotenz. (Beispiel: 1 min = 60 s)

1.2 Physikalische Gleichungen

1.2.1 Aussage physikalischer Gleichungen

Eine physikalische Gleichung ist die mathematische Darstellung des Zusammenhangs zwischen physikalischen Größen. Zu unterscheiden sind:

Naturgesetz

Durch Beobachtung festgestellter Zusammenhang zwischen physikalischen Erscheinungen, dargestellt entweder als *allgemeines Prinzip* (Beispiel: Energiesatz $E_{ges} = $ const) oder *Funktionsgleichung*, die eine zwischen definierten Größen experimentell bestimmte Proportionalität angibt. Der durch die Gleichung definierte Proportionalitätsfaktor ist eine Naturkonstante.
$\left(\text{Beispiel: } s = \frac{1}{2} g\, t^2;\ g = 9{,}81 \text{ m s}^{-2}\right)$

Definitionsgleichung

Willkürliche, aus Gründen der Zweckmäßigkeit getroffene Festlegung. Durch eine Definitionsgleichung wird eine Größe mit Hilfe anderer (bereits definierter) Größen definiert. (Beispiel: $\varrho = m\,V^{-1}$)

1.2.2 Form physikalischer Gleichungen

Größengleichung

Die Symbole bedeuten Größen. Jede Größengleichung gilt unabhängig von der Wahl der Einheiten. Zu unterscheiden sind:

- *Allgemeine Größengleichung*
ist der einfachste Ausdruck einer physikalischen Gesetzmäßigkeit oder der Definition einer Größe.
$\left(\text{Beispiel: } s = \frac{1}{2} g\, t^2;\ v = s\, t^{-1}\right)$

● *Zugeschnittene Größengleichung*

ist zur Verwendung bestimmter Einheiten vorbereitet. Enthält Quotienten aus Größe und Einheit sowie einen Zahlenfaktor, der sich aus der Wahl der Einheiten ergibt.

$$\left(\text{Beispiel}: a/_{\text{m s}^{-2}} = \frac{1}{3{,}6} \cdot \frac{v/_{\text{km h}^{-1}}}{t/_{\text{s}}}\right)$$

Zahlenwertgleichung

Die Symbole bedeuten Zahlenwerte. Die Angabe der zu verwendenden Einheiten ist unbedingt notwendig. Zahlenwertgleichungen sollten in der Physik nicht verwendet werden.

$$\left(\text{Beispiel}: a = \frac{1}{3{,}6} \frac{v}{t}; \begin{array}{l} v \text{ in km h}^{-1} \\ t \text{ in s} \\ a \text{ in m s}^{-2} \end{array}\right)$$

1.3 Vektoren

1.3.1 Vektorielle Größe

ist durch Betrag und Richtung gekennzeichnet.
Darstellung im Text: Fettdruck der Formelzeichen oder Pfeil über Formelzeichen.

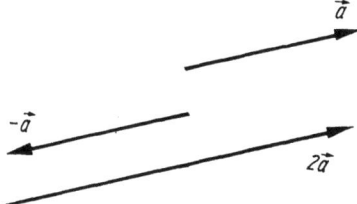

Bild 1.1

Zeichnerische Darstellung: Pfeil, dessen Länge den Betrag und dessen Richtung die Richtung der Größe angibt.
Rechnerische Behandlung erfolgt nach den Regeln der Vektorrechnung.

1.3.2 Geometrische Addition und Subtraktion

Addition

erfolgt durch Aneinanderreihen der Pfeile. Der Summenpfeil (die *Resultierende*) ist der Pfeil vom Anfang des ersten bis zur Spitze des letzten Pfeils. (Bild 1.2)

Subtraktion

erfolgt durch Addition des entgegengesetzt gerichteten Pfeils von gleichem Betrag. (Bild 1.3)

1.3.3 Zerlegung in Komponenten

Es wird das Vektorparallelogramm konstruiert, in dem der zu zerlegende Pfeil Diagonale ist. Voraussetzung ist, daß die Wirkungslinien der Komponenten gegeben sind. (Bild 1.4)

Für senkrecht zueinander liegende Komponenten (x- und y-Achse) ergeben sich die Beträge $a_x = a \cos \varphi$ und $a_y = a \sin \varphi$. (Bild 1.5)

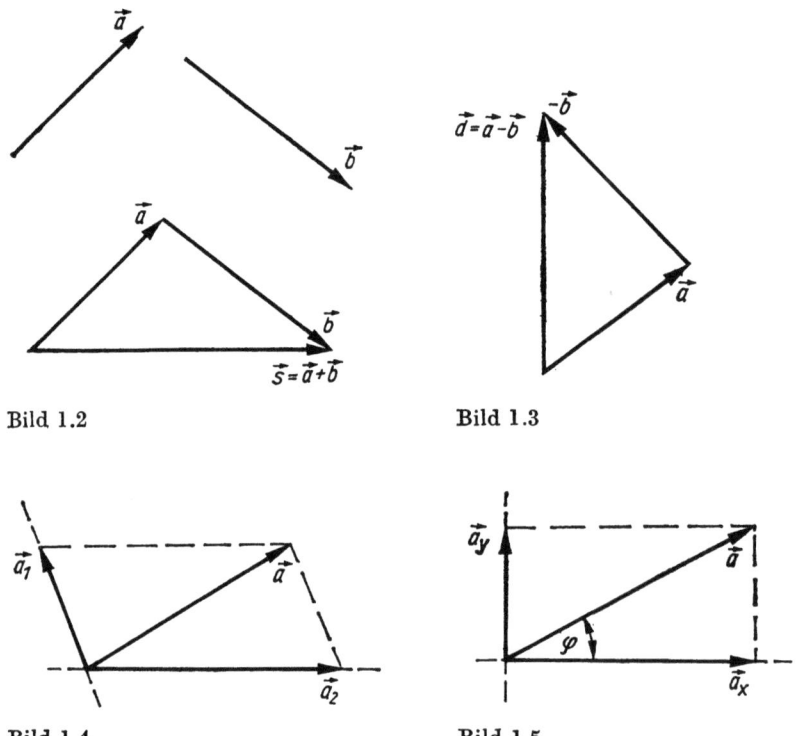

Bild 1.2   Bild 1.3

Bild 1.4   Bild 1.5

□ **Beispiel 1.1**

Gegeben sind die in der Papierebene liegenden, von einem Punkt P ausgehenden Vektoren **a** (Richtung Nord, Betrag 3,0), **b** (Richtung Südost, Betrag 8,5) und **c** (Richtung West, Betrag 6,0). Bestimmen Sie geometrisch Richtung und Betrag des Summenvektors.

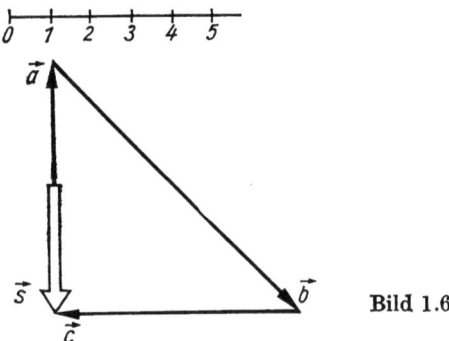

Bild 1.6

Lösung siehe Bild 1.6. Summenvektor **s** (Richtung Süd, Betrag 3,0) — d.h.
■ $s = -a$

□ **Beispiel 1.2**

Ein Vektor **a** (Richtung Nord, Betrag 4) ist geometrisch so in zwei Komponenten zu zerlegen, daß diese mit dem gegebenen Vektor in einer Ebene liegen und nach NO bzw. NW gerichtet sind. Welchen Betrag haben die Komponenten?

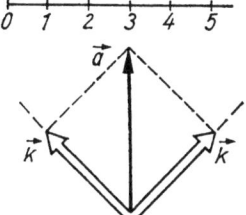

Bild 1.7

■ Lösung siehe Bild 1.7. Betrag von **k** bzw. **k′** = 2,8

Tabelle 1.1 Basisgrößen und Basiseinheiten

Basisgröße		Basiseinheit	
Länge	l	Meter	m
Zeit	t	Sekunde	s
Masse	m	Kilogramm	kg
Elektrische Stromstärke	I	Ampere	A
Temperatur	T	Kelvin	K
Stoffmenge	n	Mol	mol
Lichtstärke	I_v	Candela	cd

Tabelle 1.2 Vorsätze zur Bildung von dezimalen Vielfachen und Teilen der SI-Einheiten

SI-Vorsatz	Vorsatzzeichen	Faktor, mit dem die Einheit multipliziert wird
Exa	E	10^{18}
Peta	P	10^{15}
Tera	T	10^{12}
Giga	G	10^{9}
Mega	M	10^{6}
Kilo	k	10^{3}
Hekto	h	10^{2}
Deka	da	10
Dezi	d	10^{-1}
Zenti	c	10^{-2}
Milli	m	10^{-3}
Mikro	μ	10^{-6}
Nano	n	10^{-9}
Piko	p	10^{-12}
Femto	f	10^{-15}
Atto	a	10^{-18}

Die Vorsätze Hekto, Deka, Dezi und Zenti sollen nur noch zur Bezeichnung von solchen Vielfachen und Teilen von Einheiten verwendet werden, die bereits üblich sind.

2 Kinematik

2.1 Grundbegriffe

2.1.1 Bewegung

ist Lageänderung in einem Bezugssystem im Laufe der Zeit. Die Kinematik beschreibt den Ablauf von Bewegungsvorgängen in Raum und Zeit, ohne die Ursachen oder Wirkungen des Geschehens zu untersuchen.

2.1.2 Relativität der Bewegung

Jede Bewegung ist relativ. Sie kann nur in bezug auf ein als ruhend angenommenes Bezugssystem beschrieben werden. Die Wahl des Bezugssystems ist beliebig.

2.1.3 Überlagerungssatz (Superpositionsprinzip)

Gleichzeitig ablaufende Bewegungen eines Körpers beeinflussen sich gegenseitig nicht. Resultierende Größen (Weg, Geschwindigkeit, Beschleunigung) ergeben sich durch vektorielle Addition der Komponenten.

2.1.4 Arten der Bewegung

Translation (fortschreitende Bewegung)

Alle Körperpunkte beschreiben kongruente Bahnen.

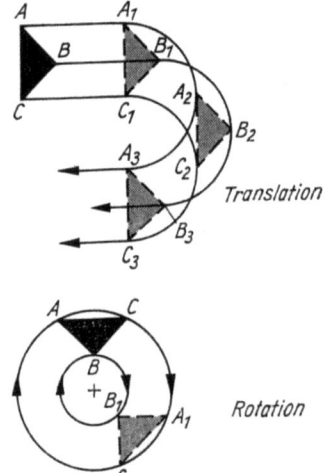

Bild 2.1

Rotation (Drehbewegung)

Alle Körperpunkte beschreiben konzentrische Kreise um die Drehachse.

2.1.5 Formen der Bewegung eines Massenpunktes

Merkmal	Allg. Fall	Wichtige Sonderfälle
Bahn	krummlinige Bewegung	geradlinige Bewegung Kreisbewegung Wurfbewegung Schwingung
Geschwindigkeit	ungleichförmige Bewegung	gleichförmige Bewegung gleichmäßig beschleunigte Bewegung

2.1.6 Basisgrößen der Kinematik

Weg s $\qquad$ m (Meter)

Zeit t $\qquad$ s (Sekunde)

2.2 Geschwindigkeit und Beschleunigung

Geschwindigkeit $\qquad v = \dfrac{ds}{dt} = \dot{s} \qquad \dfrac{m}{s}$

Für konstante Geschwindigkeit und Durchschnittsgeschwindigkeit gilt

$$v_m = \frac{s_2 - s_1}{t_2 - t_1} = \frac{\Delta s}{\Delta t} \qquad \frac{m}{s}$$

Beschleunigung $\qquad a = \dfrac{dv}{dt} = \dot{v}$

$\qquad\qquad\qquad\quad = \dfrac{d^2 s}{dt^2} = \ddot{s} \qquad \dfrac{m}{s^2}$

Für konstante Beschleunigung und Durchschnittsbeschleunigung gilt

$$a_m = \frac{v_2 - v_1}{t_2 - t_1} = \frac{\Delta v}{\Delta t} \qquad \frac{m}{s^2}$$

Abhängigkeit des Weges und der Geschwindigkeit von der Zeit

$$s(t) = \int_{t_1}^{t_2} v(t)\, dt$$

$$v(t) = \int_{t_1}^{t_2} a(t)\, dt$$

Zusammenhang zwischen $s(t)$, $v(t)$ und $a(t)$

Aus jeweils einer der Funktionen $s(t)$, $v(t)$, $a(t)$ lassen sich die beiden anderen ermitteln:

$$a(t) \underset{\text{Differentiation}}{\overset{\text{Integration}}{\rightleftarrows}} v(t) \underset{\text{Differentiation}}{\overset{\text{Integration}}{\rightleftarrows}} s(t)$$

☐ **Beispiel 2.1**

Bei einem Gewitter hört man den Donner am Beobachtungsort 6,0 s nach dem Aufleuchten des Blitzes. Die Schallgeschwindigkeit beträgt 332 m s^{-1}. Berechnen Sie, wie weit der Ort des Blitzschlages vom Beobachtungsort entfernt ist.

■ $\quad s = v\,t \qquad\qquad s = 332\,\dfrac{\text{m}}{\text{s}} \cdot 6\,\text{s} = 2\,\text{km}$

☐ **Beispiel 2.2**

Ein Geschoß verläßt den Gewehrlauf 1,0 ms nach dem Auslösen des Schusses. Berechnen Sie die mittlere Beschleunigung des Geschosses, wenn die Mündungsgeschwindigkeit 840 m s^{-1} beträgt.

■ $\quad a = \dfrac{\Delta v}{\Delta t} \qquad\qquad a = 8{,}4 \cdot 10^5\,\text{m s}^{-2} = 840\,\dfrac{\text{km}}{\text{s}^2}$

2.3 Geradlinige Bewegung

2.3.1 Gleichförmige Bewegung

Bei geradliniger gleichförmiger Bewegung werden in gleichen Zeitspannen gleiche Wegstrecken zurückgelegt. ($a = 0$; $v = $ const)
Die Richtung von Weg und Geschwindigkeit wird durch positives bzw. negatives Vorzeichen angegeben.

Weg bei gleichförmiger Bewegung

$s = v \cdot t$ \hfill m

2.3.2 Gleichmäßig beschleunigte Bewegung

Bei geradliniger gleichmäßig beschleunigter Bewegung nimmt die Geschwindigkeit in gleichen Zeitspannen um den gleichen Betrag zu oder ab. $a = $ const; $a < 0$ negative Beschleunigung (Verzögerung). (Bsp.: Freier Fall [Fall ohne Luftwiderstand] auf kurzem Fallweg: $a = g = 9{,}81\,\text{m s}^{-2}$)

Gleichungen der geradlinigen gleichmäßig beschleunigten Bewegung

Endgeschwindigkeit $\quad v = v_0 + a\,t \qquad$ (ohne s)

zurückgelegter Weg $\quad s = v_0 t + \dfrac{1}{2} a\,t^2 \qquad$ (ohne v)

$\qquad\qquad\qquad\qquad s = \dfrac{v^2 - v_0^2}{2\,a} \qquad$ (ohne t)

$\qquad\qquad\qquad\qquad s = \dfrac{v + v_0}{2}\,t \qquad$ (ohne a)

$\qquad\qquad\qquad\qquad s = v\,t - \dfrac{1}{2} a\,t^2 \qquad$ (ohne v_0)

Beispiel 2.3

Ein Fahrzeug wird beim Anfahren aus der Ruhelage auf einer Strecke von 120 m gleichmäßig beschleunigt und legt dann 80 m in 5,0 s mit konstanter Geschwindigkeit zurück. Berechnen Sie:
1. die Beschleunigung des Fahrzeugs und
2. die Zeitdauer des Anfahrens.

1. Endgeschwindigkeit $v_1 = \dfrac{s_2}{t_2}$

$$a = \frac{v_1^2 - v_0^2}{2 s_1} = \frac{s_2^2}{t_2^2 \cdot 2 s_1} \qquad a = \frac{80^2 \, \text{m}^2}{5^2 \, \text{s}^2 \cdot 2 \cdot 120 \, \text{m}} = 1{,}07 \, \frac{\text{m}}{\text{s}^2}$$

2. $t_1 = \dfrac{s_1}{\dfrac{v_1}{2}} = \dfrac{2 s_1 t_2}{s_2} \qquad t_1 = \dfrac{2 \cdot 120 \, \text{m} \cdot 5 \, \text{s}}{80 \, \text{m}} = 15 \, \text{s}$

Beispiel 2.4

1. Wie lange braucht ein Fahrzeug, das aus dem Stillstand mit $2{,}5 \, \text{m s}^{-2}$ konstant beschleunigt wird, um eine Geschwindigkeit von $50 \, \text{km h}^{-1}$ zu erreichen?
2. Welche Strecke wird in dieser Zeit zurückgelegt?

1. $t = \dfrac{v}{a} \qquad t = \dfrac{50 \, \text{km s}^2}{\text{h} \cdot 2{,}5 \, \text{m}} = \dfrac{50 \, \text{m s}^2}{3{,}6 \, \text{s} \cdot 2{,}5 \, \text{m}} = 5{,}6 \, \text{s}$

2. $s = \dfrac{v^2}{2 a} \qquad s = \dfrac{2500 \, \text{m}^2 \, \text{s}^2}{3{,}6^2 \, \text{s}^2 \cdot 2 \cdot 2{,}5 \, \text{m}} = 38{,}6 \, \text{m}$

Beispiel 2.5

Ein Zug wird bei einer Geschwindigkeit von $90 \, \text{km h}^{-1}$ mit einer konstanten Beschleunigung von $0{,}80 \, \text{m s}^{-2}$ abgebremst.
1. Welche Geschwindigkeit hat er nach 20 s?
2. Welchen Weg legt er beim Bremsen zurück?

1. $v = v_0 + a t \qquad v = \dfrac{90 \, \text{m}}{3{,}6 \, \text{s}} - 0{,}80 \, \dfrac{\text{m}}{\text{s}^2} \cdot 20 \, \text{s} = 9 \, \dfrac{\text{m}}{\text{s}} = 32{,}4 \, \dfrac{\text{km}}{\text{h}}$

2. $s = v_0 t + \dfrac{a}{2} t^2 \qquad s = \dfrac{90 \, \text{m} \cdot 20 \, \text{s}}{3{,}6 \, \text{s}} - \dfrac{0{,}8 \, \text{m} \cdot 20^2 \, \text{s}^2}{2 \, \text{s}^2} = 340 \, \text{m}$

Beispiel 2.6

Mit welcher Geschwindigkeit wird ein Ball senkrecht nach oben geworfen, der nach 3,0 s vom Werfer wieder aufgefangen wird?

$$v = \frac{1}{2} g t \qquad v = 0{,}5 \cdot 10 \, \frac{\text{m}}{\text{s}^2} \cdot 3 \, \text{s} = 15 \, \text{m s}^{-1}$$

2.3.3 Bewegungsdiagramme

Darstellung des Zusammenhangs zwischen den Beträgen jeweils zweier kinematischer Größen in einem kartesischen Koordinatensystem als *Kurve*.

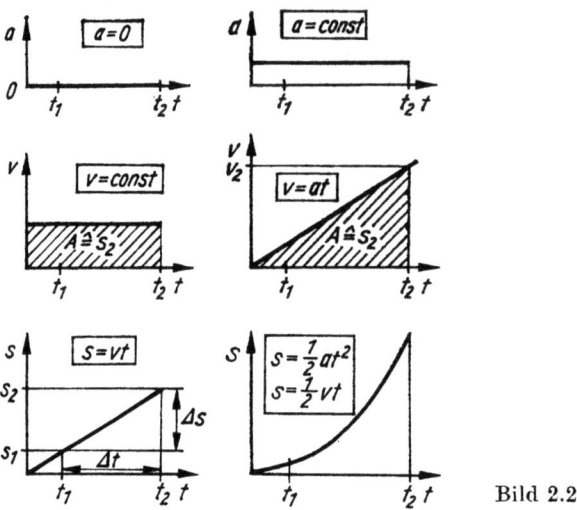

Bild 2.2

Wichtig: s,t-, v,t-, a,t-Diagramme

Anstieg der Kurve (Tangentenrichtung) kennzeichnet
im s,t-Diagramm: Geschwindigkeit
im v,t-Diagramm: Beschleunigung.

Fläche, die im v,t-Diagramm von der Kurve, der t-Achse und den zu zwei Zeitpunkten gehörenden Ordinaten begrenzt wird, stellt den zwischen zwei **Zeitpunkten** zurückgelegten **Weg** dar (schraffierte Fläche).

☐ **Beispiel 2.7**

Gegeben ist das v,t-Diagramm eines Bewegungsvorgangs (Bild 2.3). Zeichnen Sie das s,t- und das a,t-Diagramm.
Lösung: Bild 2.4

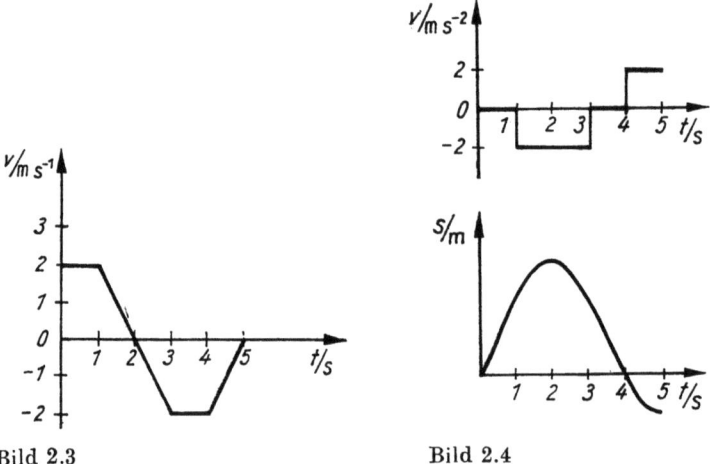

Bild 2.3   Bild 2.4

■

2.4 Rotation und Kreisbewegung

2.4.1 Größen der Rotation

Drehwinkel $\quad \varphi = \dfrac{s_B}{r} \qquad\qquad \dfrac{m}{m} = \text{rad} \quad \to Tab.\,2.1$

$$\varphi = 2\pi z \qquad\qquad \left(1° = \dfrac{\pi}{180}\,\text{rad}\right)$$

(z Anzahl der Umdrehungen)

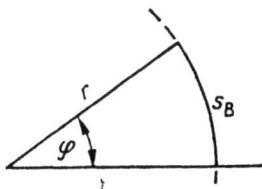

Bild 2.5

Winkelgeschwindigkeit $\quad \omega = \dfrac{d\varphi}{dt} = \dot\varphi \qquad\qquad \dfrac{\text{rad}}{s} = \dfrac{1}{s}$

Winkelbeschleunigung $\quad \alpha = \dfrac{d\omega}{dt} = \dot\omega \qquad\qquad \dfrac{\text{rad}}{s^2} = \dfrac{1}{s^2}$

$$\alpha = \dfrac{d^2\varphi}{dt^2} = \ddot\varphi$$

Frequenz $\quad f = \dfrac{\omega}{2\pi} \qquad\qquad \dfrac{1}{s} = \text{Hz (Hertz)}$

$$f = \dfrac{z}{t} \qquad\qquad \left(\dfrac{1}{\min} = \dfrac{1}{60}\,\text{Hz}\right)$$

(gilt nur für $f =$ const)

Umlaufzeit (Periodendauer) $\quad T = \dfrac{1}{f} \qquad\qquad s$

Beschleunigung eines kreisenden Punktes

● *Bahnbeschleunigung* (Tangentialbeschleunigung) ändert den Betrag der Bahngeschwindigkeit.

$$a_B = \dfrac{\Delta v_B}{\Delta t} \qquad\qquad \dfrac{m}{s^2}$$

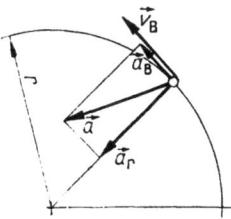

Bild 2.6

- *Radialbeschleunigung*

ändert die Richtung der Bahngeschwindigkeit.

$$a_r = \frac{v_B^2}{r} = \omega^2 r \qquad \frac{m}{s^2}$$

- *Gesamtbeschleunigung*

$$\boldsymbol{a} = \boldsymbol{a_B} + \boldsymbol{a_r}$$
$$a = \sqrt{a_B^2 + a_r^2}$$

Analogie zwischen den Größen der Translation und denen der Rotation

Winkel $\varphi \triangleq$ Weg s
Winkelgeschwindigkeit $\omega \triangleq$ Geschwindigkeit v
Winkelbeschleunigung $\alpha \triangleq$ Beschleunigung a

Zusammenhang zwischen Bahn- und Winkelgrößen

Bahngröße = Radius mal Winkelgröße

$s_B = r\,\varphi$
$v_B = r\,\omega$
$a_B = r\,\alpha$

2.4.2 Gleichförmige Kreisbewegung

Bei gleichförmiger Kreisbewegung werden in gleichen Zeitspannen gleiche Drehwinkel überstrichen. ($\omega =$ const; $\alpha = 0$)

Drehwinkel bei gleichförmiger Kreisbewegung

$$\varphi = \omega t \qquad \text{rad}$$

☐ **Beispiel 2.8**

Berechnen Sie:
1. Umlaufzeit,
2. Frequenz und
3. Winkelgeschwindigkeit des Sekundenzeigers einer Uhr.

1. $T = 1\,\text{min} = 60\,\text{s}$

2. $f = \dfrac{1}{T} = \dfrac{1}{\text{min}} = \dfrac{1}{60\,\text{s}} = 16{,}7\,\text{mHz}$

3. $\omega = 2\pi f = \dfrac{2\pi\,\text{rad}}{\text{min}} = 0{,}105\,\text{rad s}^{-1}$

☐ **Beispiel 2.9**

Ein Radfahrer beobachtet, daß das Vorderrad (Durchmesser 60 cm) in 1 s 2 Umdrehungen ausführt. Wie groß ist seine Geschwindigkeit?

$$v = \omega\,r = 2\pi f r \qquad v = 2\pi \cdot \frac{2}{\text{s}} \cdot 0{,}3\,\text{m} = 13{,}6\,\text{km h}^{-1}$$

Beispiel 2.10

Berechnen Sie den Mindestradius, den der Pilot eines Flugzeugs beim Kurvenflug einhalten muß, wenn das Flugzeug eine Geschwindigkeit von 1000 km h^{-1} hat und die Radialbeschleunigung die doppelte Fallbeschleunigung nicht überschreiten soll.

$$r = \frac{v_B^2}{2g} \qquad r = \frac{(10^3)^2 \text{ km}^2 \text{ s}^2}{\text{h}^2 \cdot 2 \cdot 10 \text{ m}} = 3{,}9 \text{ km}$$

2.4.3 Gleichmäßig beschleunigte Kreisbewegung

Bei gleichmäßig beschleunigter Kreisbewegung nimmt die Winkelgeschwindigkeit in gleichen Zeitspannen um den gleichen Betrag zu oder ab. (α = const)

Gleichungen der gleichmäßig beschleunigten Kreisbewegung

Winkel-
geschwindigkeit $\omega = \omega_0 + \alpha t$ (ohne φ)

Winkel $\varphi = \omega_0 t + \frac{1}{2} \alpha t^2$ (ohne ω)

$\varphi = \frac{\omega^2 - \omega_0^2}{2 \alpha}$ (ohne t)

$\varphi = \frac{\omega + \omega_0}{2} t$ (ohne α)

$\varphi = \omega t - \frac{1}{2} \alpha t^2$ (ohne ω_0)

Beispiel 2.11

Beim Anlaufen erreicht ein Elektromotor nach 4,5 s seine Betriebsfrequenz von 3000 min^{-1}.
1. Berechnen Sie die Winkelbeschleunigung.
2. Wieviel Umdrehungen macht der Anker des Motors während der Anlaufphase?

1. $\alpha = \frac{2 \pi f}{t}$ $\qquad \alpha = \frac{2 \pi \cdot 50}{\text{s} \cdot 4{,}5 \text{ s}} = 70 \text{ s}^{-2}$

2. $z = \frac{1}{2} f t$ $\qquad z = \frac{50 \cdot 4{,}5 \text{ s}}{\text{s} \cdot 2} = 113$

2.5 Krummlinige Bewegung

2.5.1 Überlagerungssatz

Eine Bewegung in 2 (3) Dimensionen wird als Überlagerung von 2 (3) geradlinigen Bewegungen aufgefaßt, die in Richtung der 2 (3) Koordinatenachsen verlaufen. Rechnerische und grafische Behandlung erfolgt nach den Regeln der Vektorrechnung (Zerlegung in Komponenten, Bildung der Resultierenden).

Beispiel 2.12

Mit einem Motorboot, das gegenüber dem Wasser eine Geschwindigkeit von 18 km h^{-1} entwickelt, soll ein Fluß von 200 m Breite, der eine Strömungsgeschwindigkeit von 2,5 m s^{-1} hat, auf kürzester Strecke überquert werden. Geben Sie

1. die Richtung an, in der das Boot gesteuert werden muß, und
2. die Dauer der Überfahrt.

1. $\sin \alpha = \dfrac{v_F}{v_B} = \dfrac{2,5 \text{ m} \cdot 3,6 \text{ s}}{\text{s} \cdot 18 \text{ m}} = 0,5 \qquad \alpha = 30°$

2. $t = \dfrac{s}{v_B \cos \alpha} \qquad t = \dfrac{200 \text{ m} \cdot \text{s}}{0,866 \cdot 5 \text{ m}} = 46 \text{ s}$

2.5.2 Beschleunigung bei krummliniger Bewegung

Jede krummlinige Bewegung ist beschleunigt, da sich die Richtung der Geschwindigkeit im Laufe der Zeit ändert.

2.5.3 Schräger Wurf ohne Luftwiderstand (Beispiel einer krummlinigen Bewegung)

Beim schrägen Wurf überlagern sich
- eine gleichförmige Bewegung in Richtung der x-Achse
- eine gleichförmige Bewegung in Richtung der y-Achse
- eine gleichmäßig beschleunigte Bewegung (freier Fall) entgegen der Richtung der y-Achse.

Geschwindigkeitskomponenten

$v_x = v_0 \cos \alpha$

$v_y = v_0 \sin \alpha - g t$

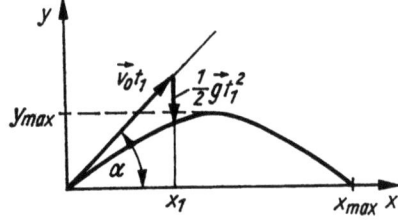

Bild 2.7

Wegkomponenten

$x = v_0 \, t \cos \alpha$

$y = v_0 \, t \sin \alpha - \dfrac{1}{2} g t^2$

Bahngleichung

$y = x \tan \alpha - \dfrac{g}{2 v_0^2 \cos^2 \alpha} x^2$

Die Bahn ist eine *Parabel* (Wurfparabel).

Wurfweite

$$x_{\max} = \frac{v_0^2}{g} \sin 2\alpha$$

Wurfhöhe

$$y_{\max} = \frac{v_0^2 \sin^2 \alpha}{2g}$$

Wurfdauer

$$t_{\max} = \frac{2 v_0}{g} \sin \alpha$$

□ **Beispiel 2.13**

Ein Geschoß wird mit einer Anfangsgeschwindigkeit von 250 m s^{-1} unter einem Winkel von 60° abgeschossen. Der Luftwiderstand soll vernachlässigt werden. 1. Wo befindet sich das Geschoß nach 10 s? Berechnen Sie 2. die Schußweite, 3. die maximale Höhe, die das Geschoß erreicht, und 4. die Zeit, die zwischen Abschuß und Einschlag vergeht.

1. $x = v_0 t \cos \alpha$ $x = 250 \frac{\text{m}}{\text{s}} \cdot 10\,\text{s} \cdot 0{,}5 = 1250\,\text{m}$

   $y = v_0 t \sin \alpha - \frac{1}{2} g t^2$ $y = (2165 - 500)\,\text{m} = 1665\,\text{m}$

2. $x_{\max} = \frac{v_0^2 \sin 2\alpha}{g}$ $x_{\max} = \frac{62500\,\text{m}^2}{\text{s}^2} \cdot \frac{0{,}866\,\text{s}^2}{10\,\text{m}} = 5{,}4\,\text{km}$

3. $y_{\max} = \frac{v_0^2 \sin^2 \alpha}{2g}$ $y_{\max} = \frac{62500\,\text{m}^2}{\text{s}^2} \cdot \frac{0{,}75\,\text{s}^2}{20\,\text{m}} = 2{,}3\,\text{km}$

■ 4. $t_{\max} = \frac{2 v_0 \sin \alpha}{g}$ $t_{\max} = \frac{500\,\text{m} \cdot 0{,}866\,\text{s}^2}{\text{s} \cdot 10\,\text{m}} = 43\,\text{s}$

Tabelle 2.1 Winkeleinheiten

	rad = 1	°	Bemerkungen
1 rad	= 1	57,296	1 rad = 57° 17′ 44,8″
1°	$= \frac{\pi}{180} = 1{,}745 \cdot 10^{-2}$	1	1° = 60′ = 3600″
1 L	$= \frac{\pi}{2} = 1{,}571$	90	
1 gon	$= \frac{\pi}{200} = 1{,}571 \cdot 10^{-2}$	0,9	1 Gon (früher Neugrad)

3 Dynamik

3.1 Masse und Kraft

3.1.1 Masse (Basisgröße) m kg (Kilogramm)

kenn-   ● *Trägheit:* Eigenschaft der Körper, sich der Änderung des Bewegungszu-
zeichnet: standes zu widersetzen.
           ● *Schwere:* Eigenschaft der Körper, sich wechselseitig anzuziehen.

3.1.2 Dichte (Stoffkonstante)

$$\varrho = \frac{m}{V}$$ kg m^{-3} (g cm^{-3})

$\rightarrow$ *Tab. 3.1, 3.2, 3.3*

3.1.3 Grundgleichung der Dynamik (2. Newtonsches Axiom)

Definition der Kraft

$$\vec{F} = m\,\vec{a}$$ kg m s^{-2} = N (Newton)

Die Kraft kennzeichnet die *Wechselwirkung* zwischen Körpern (Anziehung oder Abstoßung), die eine beschleunigte Bewegung frei beweglicher Körper zur Folge hat. Die Kraft ist eine vektorielle Größenart. Zusammensetzen von **Kräften** zur *Resultierenden* und Zerlegen einer Kraft in **Komponenten** erfolgt vektoriell nach den in 1.3 angegebenen Regeln.

3.1.4 Trägheitssatz (1. Newtonsches Axiom)

Aus $\vec{F} = m\,\vec{a}$ folgt $\vec{a} = 0$ für $\vec{F} = 0$. Jeder Körper behält seinen Bewegungszustand bei, solange keine Kraft auf ihn einwirkt oder die Resultierende der angreifenden Kräfte Null ist.

3.1.5 Wechselwirkungsprinzip (3. Newtonsches Axiom)

$$\vec{F}_{12} = -\vec{F}_{21}$$

Kräfte treten immer paarweise als Wechselwirkungskräfte auf, die an verschiedenen Körpern angreifen; sie sind dem Betrag nach gleich, der Richtung nach entgegengesetzt (Bild 3.1).

3.1.6 Gegenkräfte

greifen paarweise an einem Körper in entgegengesetzten Richtungen an. Sind sie dem Betrag nach gleich, liegt ein Kräftegleichgewicht vor (Bild 3.2).

Bild 3.1　　　　　　　　　　　Bild 3.2

□ **Beispiel 3.1**

Auf einen Quader aus Aluminium mit den Abmessungen 5 cm × 5 cm × 3 cm, der reibungsfrei auf horizontaler Unterlage gleiten kann, wirkt eine Kraft von 2,0 N. Mit welcher Beschleunigung bewegt er sich?

■ $$a = \frac{F}{\varrho \, l \, b \, h} \qquad a = \frac{2 \text{ kg m dm}^3}{\text{s}^2 \cdot 2{,}7 \text{ kg} \cdot 0{,}5^2 \cdot 0{,}3 \text{ dm}^3} = 9{,}9 \text{ m s}^{-2}$$

□ **Beispiel 3.2**

Eine Lokomotive von 80 t Masse soll bei einer Geschwindigkeit von 50 km h^{-1} auf einer Strecke von 80 m gleichmäßig bis zum Stillstand abgebremst werden. Welche Kraft ist dazu erforderlich?

■ $$F = -\frac{m \, v_0^2}{2 \, s} \qquad F = -\frac{8 \cdot 10^4 \text{ kg} \cdot 50^2 \cdot \text{m}^2}{2 \cdot 80 \text{ m} \cdot 3{,}6^2 \text{ s}^2} = -96{,}5 \text{ kN}$$

3.2 Spezielle Kräfte

3.2.1 Gravitation und Schwerkraft

Gewichtskraft (Gewicht) eines Körpers

ist die Kraft, die dieser Körper im Schwerefeld der Erde auf eine horizontale Unterlage ausübt.

$$\vec{G} = m \, \vec{g} \qquad \qquad \text{N}$$

Gravitationskraft zwischen zwei Massenpunkten

ist die zwischen den beiden Massenpunkten wirkende Anziehungskraft.

$$F_{Gr} = \gamma \, \frac{m_1 \, m_2}{r^2} \qquad \qquad \text{N}$$

Gravitationskonstante (Naturkonstante)

$\gamma = 6{,}67 \cdot 10^{-11} \text{ m}^3 \text{ kg}^{-1} \text{ s}^{-2}$

Fallbeschleunigung

kennzeichnet die *Feldstärke* im Schwerefeld der Erde. Die Fallbeschleunigung hängt von der geografischen Breite und der Entfernung vom Erdmittelpunkt ab. Alle am gleichen Ort frei fallenden Körper bewegen sich mit gleicher Fallbeschleunigung.

$$g = \alpha \frac{m_E}{r^2} \text{ (für } r > r_E\text{)} \qquad \frac{m}{s^2}$$

Mittlere Fallbeschleunigung

$g_m = 9{,}81 \text{ m s}^{-2}$

Normfallbeschleunigung

$g_n = 9{,}80665 \text{ m s}^{-2}$

□ **Beispiel 3.3**

Berechnen Sie die Gravitationskraft 1. zwischen zwei Körpern von 1 kg Masse, deren Abstand 1 m beträgt, und 2. zwischen Sonne und Erde. Alle Körper sollen als Massenpunkte betrachtet werden.

■ $\quad F = \gamma \dfrac{m_1 m_2}{r^2} \qquad F_1 = 6{,}67 \cdot 10^{-11} \text{ N}; \quad F_2 = 3{,}55 \cdot 10^{22} \text{ N}$

□ **Beispiel 3.4**

Welche Gewichtskraft wirkt auf ein Raumschiff mit einer Masse von 10 t, das einen Erdradius von der Erdoberfläche entfernt ist?

Fallbeschleunigung
an Erdoberfläche $\qquad g_1 = \gamma \dfrac{m_E}{r_E^2} = 9{,}81 \text{ m s}^{-2}$

Fallbeschleunigung
am Raumschiff $\qquad g_2 = \gamma \dfrac{m_E}{(2 r_E)^2} = \dfrac{1}{4} g_1 = 2{,}45 \text{ m s}^{-2}$

■ $\quad G = m g_2 \qquad G = 10^4 \text{ kg} \cdot 2{,}45 \text{ m s}^{-2} = 24{,}5 \text{ kN}$

3.2.2 Kräfte bei elastischer Verformung

Hookesches Gesetz

Unterhalb der Elastizitätsgrenze ist die Formänderung der einwirkenden Kraft proportional.

$$\sigma = E \varepsilon \qquad\qquad \tau = G \gamma \qquad \text{N m}^{-2} = \text{Pa}$$
(Pascal)

Dehnung	$\varepsilon = \dfrac{\Delta s}{s_0}$	Schiebung	$\gamma = \dfrac{s_t}{s_0}$		1
Normalspannung	$\sigma = \dfrac{F_N}{A}$	Schubspannung	$\tau = \dfrac{F_t}{A}$		Pa
Elastizitätsmodul (Stoffkonstante)	$E = \dfrac{\sigma}{\varepsilon}$	Schubmodul (Stoffkonstante)	$G = \dfrac{\tau}{\gamma}$		Pa

→ Tab. 3.4

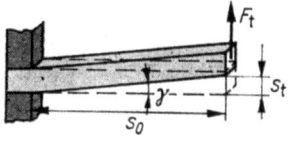

Bild 3.4

Federkraft

ist die Kraft, die eine Feder einer Formänderung entgegensetzt.

$$F_F = -k\,\Delta s \qquad \text{N}$$

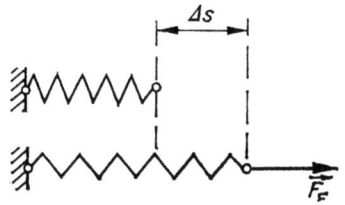

Bild 3.5

Federkonstante

kennzeichnet die Härte der Feder.

$$k = \left|\frac{F_F}{\Delta s}\right| \qquad \text{N m}^{-1}$$

□ **Beispiel 3.5**

Ein Körper von 100 kg Masse hängt an einem Messingdraht, der unbelastet eine Länge von 2,00 m und einen Durchmesser von 2,00 mm hat. Um welche Länge dehnt er sich durch die Belastung?

$$\Delta s = \varepsilon s_0; \quad \varepsilon = \frac{\sigma}{E}; \quad \sigma = \frac{F_N}{A}; \quad A = \frac{d^2\pi}{4}; \quad F_N = m\,g$$

$$\Delta s = \frac{4\,m\,g\,s_0}{\pi\,d^2\,E}$$

■ $$\Delta s = \frac{4 \cdot 100\ \text{kg} \cdot 9{,}8\ \text{m} \cdot 2\ \text{m s}^2\ \text{m}^2}{\pi \cdot 4\ \text{mm}^2 \cdot \text{s}^2 \cdot 1{,}03 \cdot 10^{11}\ \text{kg m}} = 6{,}1\ \text{mm}$$

3.2.3 Reibungskräfte

Reibungskraft, allgemein

ist die Kraft F_R, die auftritt, wenn auf einen Körper, der auf einem anderen Körper gleiten kann, eine Kraft F in Richtung der Berührungsfläche wirkt. Die Reibungskraft ist der *Normalkraft* F_N proportional.

$$F_R = \mu\,F_N \qquad \text{N}$$

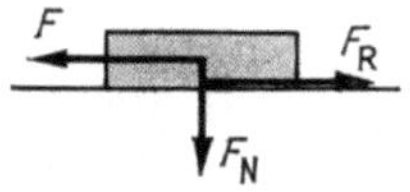

Bild 3.6

27

Reibungszahl (Stoffkonstante)

$$\mu = \frac{F_R}{F_N} \qquad 1$$

Haftreibungskraft

ist die Reibungskraft zwischen relativ zueinander ruhenden Körpern.

$$F_{RH} = \mu_0 F_N \qquad N$$

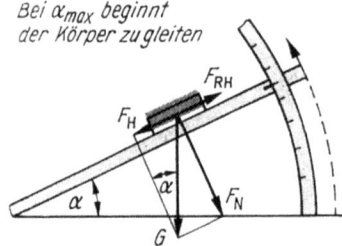

Bild 3.7

Haftreibungszahl

ist gleich dem Tangens des *Reibungswinkels* α_{max}.

$$\mu_0 = \tan \alpha_{max} \qquad 1$$

$\rightarrow$ Tab. 3.5

Gleitreibungskraft

ist die Reibungskraft zwischen aufeinander gleitenden Körpern.

$$F_{RG} = \mu_G F_N \qquad N$$

Rollreibungskraft

wird in Analogie zur Gleitreibungskraft definiert, obwohl sie keine Reibungskraft im eigentlichen Sinne ist.

$$F_{RR} = \mu_R F_N \qquad N$$

Für ein vorgegebenes Paar von Materialien gilt

$$\mu_0 > \mu_G \gg \mu_R$$

Fahrwiderstand

ist die Kraft, die an einem Räderfahrzeug wirkt, das sich auf horizontaler Unterlage gleichförmig bewegt. Sie schließt alle bewegungshemmenden Kräfte (außer dem Luftwiderstand) ein.

$$F_{RF} = \mu_F F_N \qquad N$$

$\rightarrow$ Tab. 3.6

□ **Beispiel 3.6**

Ein Quader mit 10 kg Masse soll auf einer um 30° gegen die Waagerechte geneigten Ebene mit konstanter Geschwindigkeit nach oben bewegt werden.

Die Gleitreibungszahl beträgt 0,4. Welche Kraft muß am Quader in Richtung der geneigten Ebene angreifen?

$$F = m\,g\,(\sin\alpha + \mu_G \cos\alpha)$$

■ $\quad F = 10\text{ kg} \cdot 9{,}81\,\dfrac{\text{m}}{\text{s}^2} \cdot (0{,}5 + 0{,}4 \cdot 0{,}866) = 83\text{ N}$

□ **Beispiel 3.7**

Ein Kraftfahrzeug soll auf horizontaler Straße aus einer Geschwindigkeit von 60 km h^{-1} bis zum Stillstand abgebremst werden. Wie groß ist der Bremsweg mindestens, wenn mit einer Haftreibungszahl von 0,5 gerechnet wird?

$$a = -\dfrac{F_R}{m} = -\dfrac{\mu_0\,m\,g}{m} = -\mu_0\,g \qquad s = \dfrac{-v_0^2}{-2\,\mu_0\,g}$$

■ $\quad s = \dfrac{60^2\,\text{m}^2\,\text{s}^2}{3{,}6^2\,\text{s}^2 \cdot 2 \cdot 0{,}5 \cdot 9{,}8\,\text{m}} = 28{,}3\text{ m}$

3.2.4 Radialkraft (Zentripetalkraft)

ist die bei Kreisbewegung eines Massenpunkts zum Drehzentrum gerichtete Kraft, die die Kreisbahn erzwingt.

$$F_r = m\,\dfrac{v_B^2}{r} = m\,\omega^2\,r \qquad\qquad \text{N}$$

3.2.5 Trägheitskräfte

Trägheitskraft bei Translation

ist die in einem beschleunigten Bezugssystem auftretende Scheinkraft. Sie ist der Beschleunigung des Bezugssystems entgegengerichtet.

$$\boldsymbol{F}_T = -m\,\boldsymbol{a} \qquad\qquad \text{N}$$

Kräfteansatz nach d'Alembert

erlaubt die Lösung von dynamischen Problemen durch Bildung des Kräftegleichgewichts unter Einbeziehung der beschleunigenden (eingeprägten) Kräfte und der Trägheitskräfte.

$$\Sigma\,\boldsymbol{F}_B + \Sigma\,\boldsymbol{F}_T = 0$$

Fliehkraft (Zentrifugalkraft)

ist die radial nach außen gerichtete Trägheitskraft, die im rotierenden Bezugssystem vom mitbewegten Beobachter registriert wird. Sie hat den gleichen Betrag wie die vom ruhenden Beobachter gemessene Radialkraft.

$$F_Z = -F_r = -m\,\omega^2\,r \qquad\qquad \text{N}$$

Corioliskraft

ist die Trägheitskraft, die in einem rotierenden Bezugssystem zusätzlich zur Zentrifugalkraft auf einen relativ zum System bewegten Körper einwirkt.

$$F_C = 2\,m\,v\,\omega \qquad\qquad \text{N}$$

☐ **Beispiel 3.8**

Ein Körper hängt an einem Federkraftmesser. Solange der Körper in Ruhe ist, zeigt das Meßgerät eine Gewichtskraft von 100 N an. Beim beschleunigten Anheben des Federkraftmessers werden 120 N abgelesen. Berechnen Sie die Beschleunigung.

$$F_T = -ma; \quad a = -\frac{F_T}{m}; \qquad F_T = F - G; \quad m = \frac{G}{g}$$

$$a = -\frac{F-G}{G}g \qquad a = -\frac{120\,\text{N} - 100\,\text{N}}{100\,\text{N}} \cdot 9{,}8\,\frac{\text{m}}{\text{s}^2} = -1{,}96\,\text{m s}^{-2}$$

■ a ist der Fallbeschleunigung entgegen, also nach oben, gerichtet.

☐ **Beispiel 3.9**

Ein Fadenpendel von 0,5 m Länge wird so angestoßen, daß der angehängte Körper eine Kreisbahn in horizontaler Ebene beschreibt. Die Frequenz beträgt 0,8 Hz. Um welchen Winkel gegen die Vertikale ist dabei das Pendel ausgelenkt? (Bild 3.8)

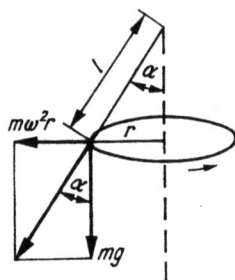

Bild 3.8

$$\tan\alpha = \frac{m\omega^2 r}{mg} \qquad r = l\sin\alpha \qquad \omega = 2\pi f$$

$$\frac{\sin\alpha}{\cos\alpha} = \frac{\omega^2 l \sin\alpha}{g} \rightarrow \cos\alpha = \frac{g}{4\pi^2 f^2 l}$$

■ $\cos\alpha = \dfrac{9{,}8\,\text{m s}^2}{4\pi^2\,\text{s}^2 \cdot 0{,}8^2 \cdot 0{,}5\,\text{m}} = 0{,}7916 \qquad \alpha = 37{,}7°$

3.3 Mechanische Arbeit, Energie, Leistung, Wirkungsgrad

3.3.1 Arbeit und Energie

Arbeit W

kennzeichnet den Vorgang der Energieumwandlung (Energieumsatz).

Energie E

kennzeichnet den Zustand eines Körpers oder Systems, durch den diese in der Lage sind, Arbeit zu verrichten. Zu unterscheiden:
- *potentielle Energie* (Lageenergie im Kraftfeld, Energie der gespannten Feder)
- *kinetische Energie* (Bewegungsenergie)

3.3.2 Mechanische Arbeit

ist das Wegintegral der Kraft. Sie wird im Fs-Diagramm durch die Fläche dargestellt, die sich über dem Weg s von der Abszissenachse bis zur Kraftkurve erstreckt.

$$W = \int_{s_1}^{s_2} \vec{F}(s) \cos \alpha \, d\vec{s} \qquad \text{kg m}^2 \text{ s}^{-2} = \text{N m} = \text{J (Joule)}$$

Für $F =$ const: $W = F s \cos \alpha = F_s s$ $\hspace{4cm}$ J

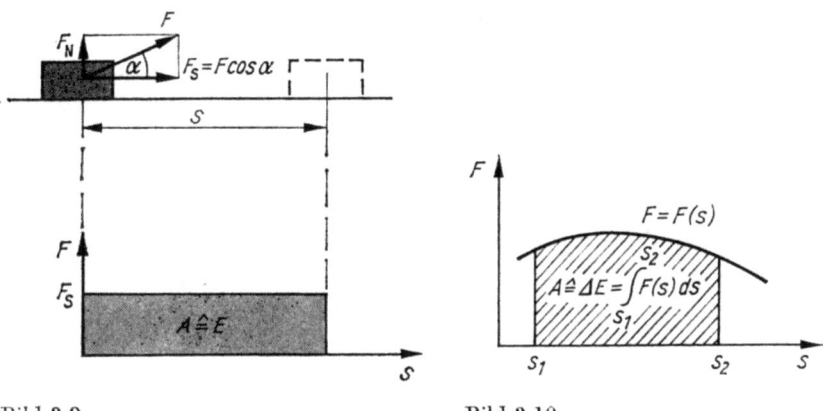

Bild 3.9 $\hspace{3cm}$ Bild 3.10

Vorzeichendefinition:
$W > 0$ für $0° < \alpha < 90°$; durch die Kraft wird Arbeit verrichtet.
$W < 0$ für $90° < \alpha < 180°$; gegen die Kraft wird Arbeit aufgewendet.
Eine *Zwangskraft* verrichtet keine Arbeit (wegen $\alpha = 90°$; $\cos \alpha = 0$).

Verschiebungsarbeit
ist die ohne Beschleunigung eines Körpers verrichtete mechanische Arbeit. Bedingung: verschiebende Kraft = Gegenkraft.

Beschleunigungsarbeit
ist die allein zur Beschleunigung eines Körpers verrichtete mechanische Arbeit.

Gleichungen für die Verschiebungs- und Beschleunigungsarbeit

Art der Arbeit	Wirkende Gegenkraft	Arbeit wird umgesetzt in	Gleichung	Einheit
Hubarbeit	Gewichtskraft	potentielle Energie der Lage	$W_H = G h = m g h = E_{pH}$	J
Spannarbeit	Federkraft	potentielle Energie der gespannten Feder	$W_F = \frac{1}{2} F_{F\max} s = \frac{1}{2} k s^2 = E_{pF}$	J
Reibungsarbeit	Reibungskraft	Wärmeenergie (nichtmechanische Energie)	$W_R = F_R s = \mu F_N s = Q$	J
Beschleunigungsarbeit	Trägheitskraft	kinetische Energie (Bewegungsenergie)	$W_B = F_B s = \frac{1}{2} m v^2 = E_k$	J

3.3.3 Energieerhaltungssatz der Mechanik

In einem abgeschlossenen System, in dem nur die Schwerkraft und (oder) Federkräfte wirken, ist die Summe von potentieller und kinetischer Energie konstant.

$$E_p + E_k = E_{ges} = \text{const} \qquad \text{J}$$

3.3.4 Allgemeiner Energieerhaltungssatz (Energiesatz)

In einem abgeschlossenen System kann Energie weder gewonnen werden noch verlorengehen. Energie kann lediglich von einer Form in eine andere umgewandelt werden.

$$E_{ges} = \text{const} \qquad \text{J}$$

Abgeschlossenes physikalisches System

ist ein System von Körpern, in dem nur *innere Kräfte* wirken. Mit anderen Systemen besteht keine Wechselwirkung und kein Energieaustausch.

3.3.5 Leistung

kennzeichnet den auf die Zeit bezogenen Energieumsatz. Die Leistung ist der Quotient aus Arbeit und Zeit.

Durchschnittsleistung

$$P_m = \frac{W}{t} = \frac{\Delta E}{t} \qquad \text{kg m}^2 \text{ s}^{-3} = \frac{\text{J}}{\text{s}} = \text{W (Watt)}$$

Momentanleistung

$$P = \frac{dW}{dt} = \frac{F\,ds}{dt} = F\,v \qquad \text{W}$$

3.3.6 Wirkungsgrad

ist das Verhältnis von abgegebener zu zugeführter Energie bzw. von abgegebener zu zugeführter Leistung.

$$\eta = \frac{\Delta E_{ab}}{\Delta E_{zu}} = \frac{W_{ab}}{W_{zu}} = \frac{P_{ab}}{P_{zu}} \qquad 1$$

Stets gilt: $0 < \eta < 1$

□ **Beispiel 3.10**

Auf einen mit vernachlässigbarer Reibung auf Schienen beweglichen Wagen von 50 kg Masse wirkt auf einer Strecke von 10 m eine Kraft von 500 N ein, wobei die Kraftrichtung mit der Richtung der Schienen einen Winkel von 60° einschließt. Mit welcher Geschwindigkeit bewegt sich der Wagen am Ende der Strecke, wenn er aus der Ruhelage beschleunigt wird?

$$F s \cos \alpha = m \frac{v^2}{2}; \qquad v = \sqrt{\frac{2 s F \cos \alpha}{m}}$$

$$v = \sqrt{\frac{2 \cdot 10 \text{ m} \cdot 500 \text{ kg m} \cdot 0{,}5}{50 \text{ kg s}^2}} = 10 \text{ m s}^{-1}$$

□ **Beispiel 3.11**

Ein Radfahrer (Masse von Rad und Fahrer 100 kg) hat am Beginn einer Gefällestrecke von 150 m Länge und 15 m Höhenunterschied eine Geschwindigkeit von 15 km h^{-1}. Welche Geschwindigkeit hat er am Fuß der Strecke, wenn er während der Abfahrt selbst weder bremst noch beschleunigt? Der mittlere Fahrwiderstand betrage 50 N.

$$\frac{m v_2^2}{2} = \frac{m v_1^2}{2} + m g h - F s$$

$$v_2 = \sqrt{v_1^2 + 2 g h - \frac{2 F s}{m}} \qquad v_2 = 12{,}7 \text{ m s}^{-1} = 45{,}7 \text{ km h}^{-1}$$

□ **Beispiel 3.12**

Ein Waggon mit einer Masse von 40 t rollt mit einer Geschwindigkeit von 1,5 km h^{-1} gegen einen Puffer und drückt dessen Feder um 50 mm zusammen. Berechnen Sie die Federkonstante der Pufferfeder.

$$\frac{1}{2} m v^2 = \frac{1}{2} k s^2 \rightarrow k = \frac{m v^2}{s^2} \qquad k = 2{,}78 \frac{\text{MN}}{\text{m}}$$

□ **Beispiel 3.13**

Ein Aufzug (Masse 500 kg) befördert Lasten von 300 kg Masse mit einer konstanten Geschwindigkeit von 1,5 m s^{-1} vertikal nach oben. Welche Leistung muß der Antrieb haben, wenn mit einem Wirkungsgrad von 0,80 gerechnet wird?

$$P_{zu} = \frac{P_{ab}}{\eta} \qquad P_{ab} = F v = m g v$$

$$P_{zu} = \frac{m g v}{\eta} \qquad P_{zu} = 15 \text{ kW}$$

3.4 Impuls und Kraftstoß

3.4.1 Impuls

ist das Produkt aus Masse und Geschwindigkeit eines Körpers. Vektorgröße; die Impulsrichtung ist gleich der Geschwindigkeitsrichtung.

$$\boldsymbol{p} = m \boldsymbol{v} \qquad \text{N s}$$

3.4.2 Impulserhaltungssatz

In einem abgeschlossenen System ist der Gesamtimpuls konstant.

$$\boldsymbol{p}_{ges} = \text{const} \qquad \text{N s}$$

3.4.3 Kraftstoß

ist das Produkt aus Kraft und Zeitdauer der Kraftwirkung (Zeitintegral der Kraft). Der Kraftstoß ist gleich der Impulsänderung (Bild 3.11).

$$\int_{t_1}^{t_2} \boldsymbol{F}(t)\, dt = m\,(\boldsymbol{v}_2 - \boldsymbol{v}_1) = \Delta \boldsymbol{p} \qquad \text{N s}$$

Für $\boldsymbol{F} = $ const: $\qquad \boldsymbol{F}\,\Delta t = \Delta \boldsymbol{p} \qquad$ N s

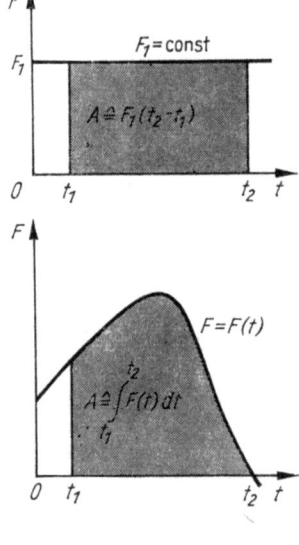

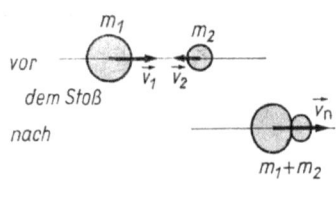

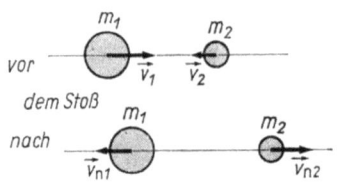

Bild 3.11 　　　　　　　　　　Bild 3.12

3.4.4 Kraftdefinition bei zeitlich veränderlicher Masse

Die Kraft ist der Differentialquotient des Impulses nach der Zeit

Momentankraft $\qquad \boldsymbol{F} = \dfrac{d(m\,\boldsymbol{v})}{dt} = \dfrac{d\boldsymbol{p}}{dt} = \dot{\boldsymbol{p}} \qquad$ N

Mittlere Kraft $\qquad \boldsymbol{F}_m = \dfrac{\Delta(m\,\boldsymbol{v})}{\Delta t} = \dfrac{\Delta \boldsymbol{p}}{\Delta t} \qquad$ N

3.4.5 Stoßvorgänge

Unelastischer gerader Stoß (Bild 3.12 oben)

Gemeinsame Geschwindigkeit beider Körper nach dem Stoß

$$v_n = \frac{m_1 v_1 + m_2 v_2}{m_1 + m_2} \qquad \text{m s}^{-1}$$

Elastischer gerader Stoß (Bild 3.12 unten)

Geschwindigkeit der Körper *1* und *2* nach dem Stoß

$$v_{n1} = v_1 \frac{m_1 - m_2}{m_1 + m_2} + v_2 \frac{2 m_2}{m_1 + m_2} \qquad \text{m s}^{-1}$$

$$v_{n2} = v_2 \frac{m_2 - m_1}{m_1 + m_2} + v_1 \frac{2 m_1}{m_1 + m_2} \qquad \text{m s}^{-1}$$

□ **Beispiel 3.14**

Das Geschoß einer Pistole (Masse 15 g) dringt in einen Holzklotz (Masse 1,20 kg) ein, der sich dadurch auf horizontaler Unterlage um 1,80 m verschiebt. Die Gleitreibungszahl beträgt 0,40. Berechnen Sie 1. die Geschwindigkeit und 2. den Impuls des Geschosses.

Impulssatz: $m_G v_G = (m_G + m_K) v_2$

Energiesatz:

$$\frac{(m_G + m_K) v_2^2}{2} = (m_G + m_K) g \mu s \rightarrow v_2 = \sqrt{2 \mu g s}$$

1. $v_G = \frac{m_G + m_K}{m_G} \sqrt{2 \mu g s}$ $\qquad v_G = 304$ m s^{-1}

■ 2. $p = m_G v_G$ $\qquad p = 4{,}6$ N s

3.5 Massenmittelpunkt eines Systems von Massenpunkten

3.5.1 Koordinaten des Massenmittelpunktes

x-Koordinate; $\qquad x_M = \dfrac{\sum\limits_{\nu=1}^{n} m_\nu x_\nu}{\sum\limits_{\nu=1}^{n} m_\nu}$ $\qquad$ m

Analoge Ausdrücke gelten für die y_M- und z_M-Koordinaten.

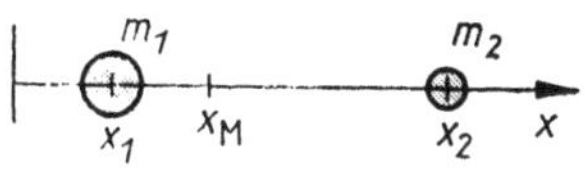

Bild 3.13

3.5.2 Erhaltungssatz des Massenmittelpunktes

Der Massenmittelpunkt eines abgeschlossenen Systems von Massenpunkten ist in Ruhe oder bewegt sich geradlinig gleichförmig (gleichbedeutend mit Impulserhaltungssatz).
Bei Einwirken *äußerer Kräfte* auf ein System von Massenpunkten bewegt sich der Massenmittelpunkt so, als ob in ihm die Gesamtmasse des Systems vereinigt und der resultierenden Gesamtkraft unterworfen wäre.

3.6 Drehmoment und Massenträgheitsmoment

3.6.1 Drehmoment

ist das Produkt aus Kraft F und Kraftarm $r \sin \alpha$.

$$M = F\, r \sin \alpha \qquad\qquad\qquad \text{N m}$$

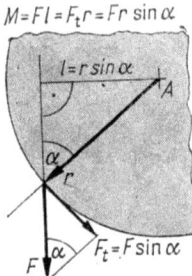

Bild 3.14

Der *Kraftarm* ist der Abstand der Wirkungslinie der Kraft von der Drehachse.
Vorzeichendefinition für Drehmoment:

$M > 0$ Drehung gegen Uhrzeigersinn

$M < 0$ Drehung im Uhrzeigersinn

3.6.2 Drehmoment eines Kräftepaares

kennzeichnet die Wirkung zweier entgegengesetzt gerichteter, dem Betrag nach gleicher Kräfte $F_1 = F_2$, deren Wirkungslinien den Abstand l haben.

$$M = F_1\, l = F_2\, l$$

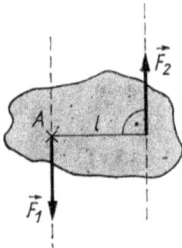

Bild 3.15

3.6.3 Gleichgewichtsbedingungen am starren Körper

Am starren Körper herrscht Gleichgewicht, wenn sowohl die Summe aller Kräfte als auch die Summe aller Drehmomente um eine beliebige Drehachse verschwinden.

$$\Sigma \boldsymbol{F} = 0; \quad \Sigma \boldsymbol{M} = 0$$

3.6.4 Massenträgheitsmoment

kennzeichnet den Trägheitswiderstand eines um eine vorgegebene Achse rotierenden Körpers gegen Änderung der Drehzahl. Das Massenträgheitsmoment eines Körpers hängt von der Lage der Drehachse ab.

$$J = \int_{(m)} r^2 \, dm \qquad \text{kg m}^2$$

$\rightarrow$ Tab. 3.7

3.6.5 Steinerscher Satz

ermöglicht die Berechnung des Trägheitsmoments eines Körpers bezüglich einer beliebigen Drehachse A, wenn das Massenträgheitsmoment J_S bezüglich der zu A parallelen Schwerpunktachse und der Abstand s der Achsen gegeben sind.

$$J_A = J_S + m s^2 \qquad \text{kg m}^2$$

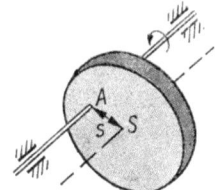

Bild 3.16

□ **Beispiel 3.15**

Ein Werkstück wird mit einer Kraft von 40 N gegen die Umfangsfläche einer Schleifscheibe von 40 cm Durchmesser gedrückt. Welches Drehmoment muß mit der Handkurbel erzeugt werden, wenn der Wirkungsgrad 0,90 beträgt und mit einer Reibungszahl von 0,65 gerechnet wird?

■ $\qquad M = \dfrac{\mu F r}{\eta} \qquad M = 5,8 \text{ N m}$

□ **Beispiel 3.16**

1. Berechnen Sie das Massenträgheitsmoment einer Kreisscheibe aus Eisen von 5,0 cm Radius und 2,0 cm Höhe bezüglich der Achse, die senkrecht durch ihr Zentrum verläuft.
2. Welche Höhe hat eine Aluminiumscheibe von gleichem Radius, die das gleiche Massenträgheitsmoment hat?
3. Welchen Radius hat eine Aluminiumscheibe von gleicher Höhe, die das gleiche Massenträgheitsmoment hat?

1. $J_S = \dfrac{\pi \varrho r^4 h}{2} \qquad\qquad J_S = 15,4 \text{ kg cm}^2$

2. $h_{Fe} = \dfrac{2 J_S}{\pi \varrho_{Fe} r^4}$

$ h_{Al} = \dfrac{2 J_S}{\pi \varrho_{Al} r^4} \qquad h_{Al} = \dfrac{\varrho_{Fe}}{\varrho_{Al}} \cdot h_{Fe} \qquad h_{Al} = 5,8 \text{ cm}$

3. $r_{Fe} = \sqrt[4]{\dfrac{2J_S}{\pi \varrho_{Fe} h}}$ $\quad r_{Al} = \sqrt[4]{\dfrac{\varrho_{Fe}}{\varrho_{Al}}} \cdot r_{Fe}$ $\quad r_{Al} = 6{,}5$ cm

$r_{Al} = \sqrt[4]{\dfrac{2J_S}{\pi \varrho_{Al} h}}$

3.7 Analogiebeziehungen zwischen Dynamik der Translation und Dynamik der Rotation

3.7.1 Analoge Größen

Kraft $F \triangleq$ Drehmoment $\quad M$
Masse $m \triangleq$ Massenträgheitsmoment J

3.7.2 Grundgleichung der Dynamik bei Rotation

Das auf einen rotierenden Körper wirkende Drehmoment ist gleich dem Produkt aus dem Massenträgheitsmoment bezüglich der Drehachse des Körpers und der Winkelbeschleunigung.

$$M = J\alpha \qquad \text{N m}$$

3.7.3 Arbeit bei Rotation

$$W_{\text{rot}} = \int_{\varphi_1}^{\varphi_2} M(\varphi)\, d\varphi \qquad \text{J}$$

Für $M = $ const: $\qquad W_{\text{rot}} = M\varphi \qquad \text{J}$

Verdrillungsarbeit (Verschiebungsarbeit)

ist gleich der potentiellen Energie der gespannten Drehfeder.

$$W_F = \tfrac{1}{2} M_{\max}\varphi = \tfrac{1}{2} k'\varphi^2 = E_{pF} \qquad \text{J}$$

Winkelrichtgröße der Drehfeder

$$k' = \left|\dfrac{M}{\varphi}\right| \qquad \dfrac{\text{Nm}}{\text{rad}} = \text{N m}$$

Beschleunigungsarbeit bei Rotation

ist gleich der kinetischen Energie des rotierenden Körpers.
Für $M = $ const:

$$W_B = M\varphi = \tfrac{1}{2} J\omega^2 = E_{\text{rot}} \qquad \text{J}$$

3.7.4 Momentanleistung bei Rotation

ist gleich dem Produkt aus Drehmoment und Winkelgeschwindigkeit.

$$P_{\text{rot}} = M\omega = 2\pi f M \qquad \text{W}$$

□ **Beispiel 3.17**

Berechnen Sie das Drehmoment, das benötigt wird, um den Läufer eines Generators mit dem Massenträgheitsmoment 500 kg m² in 10 s auf eine Drehzahl von 3000 min⁻¹ zu beschleunigen.

■ $$M = \frac{2\pi n J}{t} \qquad M = \frac{2\pi \cdot 3000 \cdot 500 \text{ kg m}^2}{60 \text{ s} \cdot 10 \text{ s}} = 15{,}7 \text{ kN m}$$

□ **Beispiel 3.18**

Berechnen Sie die kinetische Energie der um ihre Achse rotierenden Erdkugel.

$$E_{\text{rot}} = \frac{1}{2} J_K \omega^2 \qquad J_K = \frac{2}{5} m r^2$$

$$E_{\text{rot}} = \frac{4}{5} \frac{\pi^2 m r^2}{T^2}$$

$$E_{\text{rot}} = \frac{4\pi^2 \cdot 5{,}98 \cdot 10^{24} \text{ kg} \cdot 6378^2 \cdot 10^6 \text{ m}^2}{5 \cdot 24^2 \cdot 3600^2 \text{ s}^2}$$

■ $$E_{\text{rot}} = 2{,}57 \cdot 10^{29} \text{ J}$$

3.8 Drehimpuls

3.8.1 Drehimpuls bezüglich Hauptträgheitsachse

ist das Produkt aus Massenträgheitsmoment und Winkelgeschwindigkeit.

$$\boldsymbol{L} = J\boldsymbol{\omega} \qquad\qquad\qquad\qquad\qquad\qquad\qquad\qquad\text{N m s}$$

3.8.2 Drehimpulserhaltungssatz

In einem abgeschlossenen System ist der Gesamtdrehimpuls konstant.

$$\boldsymbol{L}_{\text{ges}} = \text{const} \qquad\qquad\qquad\qquad\qquad\qquad\qquad\qquad\text{N m s}$$

3.8.3 Antrieb, Drehmomentstoß

Der Antrieb ist das Produkt aus Drehmoment und Zeit. Er ist gleich der Änderung des Drehimpulses.
Für $M = \text{const}$, $J = \text{const}$ gilt

$$\boldsymbol{M} \Delta t = J(\boldsymbol{\omega}_2 - \boldsymbol{\omega}_1) = \Delta \boldsymbol{L} \qquad\qquad\qquad\qquad\qquad\text{N m s}$$

3.8.4 Momentanes Drehmoment

ist der Differentialquotient des Drehimpulses nach der Zeit

$$\boldsymbol{M} = \frac{d(J\boldsymbol{\omega})}{dt} = \frac{d\boldsymbol{L}}{dt} = \dot{\boldsymbol{L}} \qquad\qquad\qquad\qquad\qquad\text{N m}$$

3.9 Schwerpunkt und Gleichgewicht

3.9.1 Schwerpunkt des starren Körpers

x-Koordinate (allgemein) $\quad x_M = \dfrac{1}{m} \int\limits_{(m)} x \, dm \quad\quad$ m

x-Koordinate (für $\varrho = $ const) $\quad x_M = \dfrac{1}{V} \int\limits_{(V)} x \, dV \quad\quad$ m

Für die y_M- und die z_M-Koordinaten gelten analoge Gleichungen.

3.9.2 Gleichgewichtsarten eines Körpers

Gleichgewichtsart	Kriterium	
Stabiles G.	Zunahme	der potentiellen Energie
Labiles G.	Abnahme	des Schwerpunktes bei
Indifferentes G.	keine Änderung	Verrückung des Körpers

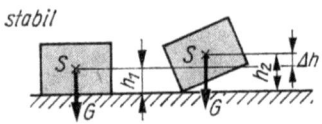

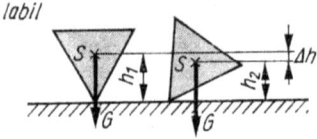

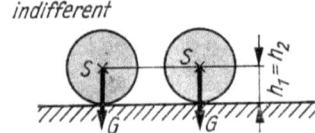 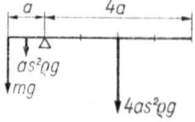

Bild 3.17   Bild 3.18

Beispiel 3.19

Eine 1,00 m lange Aluminiumstange mit quadratischem Querschnitt ($s = 5{,}0$ cm) ist in 20 cm Entfernung von einem ihrer Enden drehbar gelagert. Welche Masse muß ein Körper haben, der, am Ende der kürzeren Seite der Stange angebracht, die Stange in horizontaler Lage im Gleichgewicht hält? (Bild 3.18)

$$m\,g\,a = 4\,a\,s^2\,\varrho\,g \cdot 2a - a\,s^2\,\varrho\,g \cdot \tfrac{1}{2}a$$

$$m = 7{,}5\,a\,s^2\,\varrho$$

$$m = 7{,}5 \cdot 0{,}2 \text{ m} \cdot 0{,}05^2 \text{ m}^2 \cdot 2{,}7 \cdot 10^3 \text{ kg m}^{-3} = 10{,}125 \text{ kg}$$

Tabelle 3.1 Dichte fester Stoffe

Stoff	$\varrho/\text{kg dm}^{-3}$	Stoff	$\varrho/\text{kg dm}^{-3}$
Aluminium	2,70	Kork	0,3*
Blei	11,34	Mangan	7,20
Chrom	6,92	Natrium	0,97
Eis bei 0 °C	0,92	Nickel	8,90
Eisen	7,86	Phosphor, weiß	1,82
Glas	2,5*	Platin	21,45
Bleiglas	2,90	Polystyrol	1,1*
Gold	19,3	PVC	1,4*
Granit	2,8*	Sand, feucht	2,0*
Grauguß	7,2*	Sand, trocken	1,5*
Gummi	1,1*	Schwefel, rhombisch	2,07
Holz	0,5*	Schwefel, monoklin	1,96
Kalium	0,86	Silber	10,49
Kobalt	8,9	Silizium	2,33
Kohlenstoff:		Uran	19,0
Diamant	3,51	Wismut	9,80
Graphit	2,25	Wolfram	19,3
Braunkohle	1,3*	Ziegel	1,6*
Steinkohle	1,3*	Zink	7,13
Kupfer	8,92	Zinn	7,28
Magnesium	1,74		

Tabelle 3.2 Dichte von Flüssigkeiten

Stoff	$\varrho/\text{kg dm}^{-3}$
Alkohol	0,79
Benzin	0,72
Benzol	0,88
Dieselöl	0,87
Glycerin	1,26
Quecksilber	13,55
Wasser (4 °C)	1,00
Wasser (100 °C)	0,96
Meerwasser	1,02

Tabelle 3.3 Dichte von Gasen (bei 0 °C, 101,325 kPa)

Stoff	$\varrho/\text{kg m}^{-3}$	Stoff	$\varrho/\text{kg m}^{-3}$
Ammoniak	0,771	Propan	2,004
Azetylen (Äthin)	1,171	Sauerstoff	1,429
Helium	0,179	Schwefeldioxid	2,926
Kohlendioxid	1,977	Stadtgas	0,6*
Luft	1,293	Stickstoff	1,251
Methan	0,717	Wasserstoff	0,090

Tabelle 3.4 Elastizitätswerte

E Elastizitätsmodul
G Schubmodul

Stoff	$E/10^{11}$ Pa	$G/10^{11}$ Pa
Aluminium	0,73	0,26
Gußeisen	0,75	0,3
Kupfer	1,2	0,45
Messing	1,03	0,42
Silber	0,79	0,29
Stahl, Feder-	2,2	0,85
Chromnickel-	2,0	0,83

Tabelle 3.5 Haftreibungs- und Gleitreibungszahl

Stoffpaar	Haftreibungszahl μ_0		Gleitreibungszahl μ_G		
	trocken	geschmiert	trocken	geschmiert	mit Wasser
Stahl/Stahl	0,15*	0,11*	0,06*	0,009*	
Lederriemen/Gußeisen	0,6*	0,2*	0,28*	0,14*	0,38*
Lederriemen/Holz	0,47*		0,27*		
Metall/Holz	0,55*	0,1*	0,4*	0,05*	0,25*
Holz/Holz	0,57*		0,3*	0,10*	0,25*

Tabelle 3.6 Fahrwiderstandszahl

	μ_F
Eisenbahn	0,002*
Straßenbahn	0,006*
Auto auf Asphalt	0,022*
Auto auf Pflaster	0,04*
Fuhrwerk auf gutem Erdweg	0,05*

Tabelle 3.7 Massenträgheitsmoment einiger regelmäßiger Körper

	Körper	Massenträgheitsmoment
	Kugel	$J_S = \dfrac{2}{5} m r^2$ $J_A = \dfrac{7}{5} m r^2$
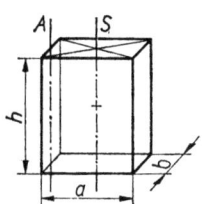	Quader	$J_S = \dfrac{1}{12} m (a^2 + b^2)$ $J_A = \dfrac{1}{12} m (4a^2 + b^2)$
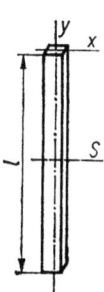	Dünner Stab	$J_y \approx 0$ $J_S = \dfrac{1}{12} m l^2$ $J_x = \dfrac{1}{3} m l^2$
	Vollzylinder	$J_S = \dfrac{1}{2} m r^2$
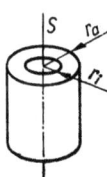	Hohlzylinder Hohlzylinder geringer Wandstärke	$J_S = \dfrac{1}{2} m (r_a^2 + r_i^2)$ $J_S = m r_m^2$

4 Mechanik der Flüssigkeiten und Gase

4.1 Ruhende Flüssigkeiten und Gase

4.1.1 Druck auf eine Fläche (allgemein)

ist der Quotient aus der in Richtung der Flächennormalen wirkenden Kraft und dem Flächeninhalt der Fläche.

$$p = \frac{F}{A} \qquad \text{Pa}$$

4.1.2 Statischer Druck in Flüssigkeiten und Gasen

ist die Summe aus Kolbendruck und Schweredruck.

$$p_{\text{stat}} = p_K + p_S \qquad \text{Pa}$$

4.1.3 Kolbendruck

ist der in einer abgeschlossenen Flüssigkeits- oder Gasmenge allein durch eine äußere Kraft (mit Ausnahme der Schwerkraft) hervorgerufene statische Druck.

$$p_K = \frac{F_1}{A_1} = \frac{F_2}{A_2} = \text{const} \qquad \text{Pa}$$

Kräfte bei der hydraulischen Presse

$$F_1 : F_2 = A_1 : A_2$$

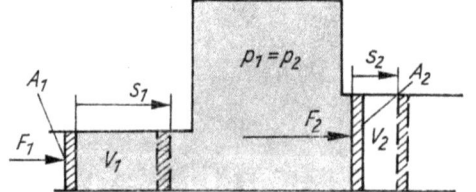

Bild 4.1

4.1.4 Gesetz von Boyle und Mariotte

kennzeichnet den bei konstanter Temperatur bestehenden Zusammenhang zwischen Kolbendruck und Volumen einer Gasmenge.

$$p\,V = \text{const} \qquad \text{J}$$

4.1.5 Schweredruck (allgemein)

ist der allein durch die Schwerkraft bedingte statische Druck.

Schweredruck in Flüssigkeit

ist proportional der Dichte der Flüssigkeit und der Tiefe.

$$p_S = \varrho \, g \, h \qquad \text{Pa}$$

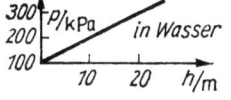 Bild 4.2

Schweredruck in Gas

ist abhängig vom Druck p_0 und der Gasdichte ϱ_0 in der Höhe $h = 0$ und nimmt exponentiell mit der Höhe h ab.

$$p_S = p_0 \, e^{-\frac{\varrho_0 \, g \, h}{p_0}} \qquad \text{Pa}$$

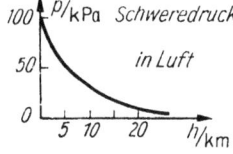 Bild 4.3

4.1.6 Überdruck

ist die Differenz zwischen Druck und Luftdruck.

$$p_\text{Ü} = p - p_\text{L} \qquad \text{Pa}$$

4.1.7 Auftriebskraft

ist die als Folge des Schweredrucks auf einen in eine Flüssigkeit (ein Gas) eintauchenden Körper wirkende Kraft. Sie ist gleich dem Betrag der Gewichtskraft der vom Körper verdrängten Flüssigkeits- bzw. Gasmenge und der Gewichtskraft entgegengerichtet (ARCHIMEDisches Prinzip).

$$F_\text{A} = \varrho_\text{F} \, g \, V_\text{F} = G_\text{F} \qquad \text{N}$$

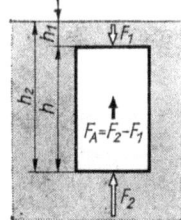 Bild 4.4

4.1.8 Gleichgewichtsbedingung für schwimmenden Körper

Im Schwimmgleichgewicht ist die Gewichtskraft der vom Körper verdrängten Flüssigkeitsmenge gleich der Gewichtskraft des Körpers.

$$F_A = G_K = G_F \qquad \text{N}$$

Ein allseitig von Flüssigkeit (Gas) umgebener Körper mit der Gewichtskraft G_K

sinkt, wenn $\quad F_A < G_K$

schwebt, wenn $F_A = G_K$

steigt, wenn $\quad F_A > G_K$

□ **Beispiel 4.1**

Welcher Druck herrscht am Boden eines Wasserbehälters, der bis 6,5 m Höhe gefüllt ist?

$$p = \varrho_W\, g\, h + p_{\text{Luft}}$$

■ $\quad p = 10^3 \text{ kg m}^{-3} \cdot 9{,}8 \text{ m s}^{-2} \cdot 6{,}5 \text{ m} + 101{,}3 \text{ kPa} = 165{,}1 \text{ kPa}$

□ **Beispiel 4.2**

Der von Hand betätigte Druckkolben eines hydraulischen Wagenhebers hat einen Durchmesser von 2,0 cm. An ihm wirkt eine Kraft von 250 N. Welchen Durchmesser muß der Preßkolben des Gerätes haben, wenn an ihm eine Kraft von 15 kN wirken soll?

■ $\qquad d_2 = \sqrt{\dfrac{F_2}{F_1}\, d_1{}^2} \qquad d_2 = 15{,}5 \text{ cm}$

□ **Beispiel 4.3**

Kann eine im Wasser liegende Kugel aus Eisen, die einen Durchmesser von 25 cm hat, von einem Taucher angehoben werden, wenn dieser eine Kraft von 500 N auszuüben vermag?

$$G_{\text{sch}} = G - F_A = \varrho_{\text{Fe}}\, V\, g - \varrho_W\, V\, g = V\, g\, (\varrho_{\text{Fe}} - \varrho_W)$$

$$G_{\text{sch}} = \frac{4}{3}\pi \cdot 0{,}125^3 \text{ m}^3 \cdot 9{,}8 \text{ m s}^{-2} \cdot (7{,}86 - 1) \cdot 10^3 \text{ kg m}^{-3}$$

■ $\quad G_{\text{sch}} = 550$ N. Die Kugel kann nicht angehoben werden.

□ **Beispiel 4.4**

Ein Floß aus Balsaholz mit der Dichte 0,25 t m^{-3} hat die Abmessungen 2,0 m × 3,0 mm × 0,30 m. Es schwimmt im Wasser eines Süßwassersees.
1. Wie tief taucht es ins Wasser ein?
2. Welche Last vermag es maximal zu tragen?

1. $h = \dfrac{\varrho_{\text{Fl}}}{\varrho_W}\, H \qquad\qquad h = \dfrac{0{,}25}{1{,}0} \cdot 0{,}3 \text{ m} = 0{,}075 \text{ m} = 7{,}5 \text{ cm}$

2. $G_{\text{Last}} = G_W - G_{\text{Fl}} = a\, b\, c\, g\, (\varrho_W - \varrho_{\text{Fl}})$

■ $\quad G_{\text{Last}} = 13{,}2 \text{ kN} \qquad\qquad m_{\text{Last}} = 1{,}35 \text{ t}$

4.2 Strömende Flüssigkeiten und Gase

4.2.1 Idealer und realer Zustand

Ideale Flüssigkeit (ideales Gas)

ist eine Flüssigkeit (ein Gas) ohne innere Reibung (nur angenähert realisierbares Modell).

Reale Flüssigkeit (reales Gas)

ist eine Flüssigkeit (ein Gas) mit innerer Reibung.

4.2.2 Arten der Strömung

Stationäre Strömung

Für vorgegebenen Ort sind sowohl Strömungsrichtung als auch Strömungsgeschwindigkeit des strömenden Mediums zeitlich konstant.

Laminare Strömung

Teilchen des strömenden Mediums gleiten in dünnen Schichten aneinander vorbei, ohne sich zu vermischen.

Turbulente Strömung.

ist eine Strömung mit Wirbelbildung.

4.2.3 Stromstärke (Volumenstrom)

kennzeichnet das auf die Zeit bezogene Volumen V einer Flüssigkeits- bzw. Gasmenge, die mit der Geschwindigkeit v durch die Querschnittsfläche A strömt.

$$I = \frac{dV}{dt} = \dot{V} = A\,v \qquad\qquad \text{m}^3\,\text{s}^{-1}$$

4.2.4 Kontinuitätsgleichung

Bei stationärer Strömung ist die Stromstärke räumlich und zeitlich konstant.

$$A_1 v_1 = A_2 v_2 = \text{const} \qquad\qquad \text{m}^3\,\text{s}^{-1}$$

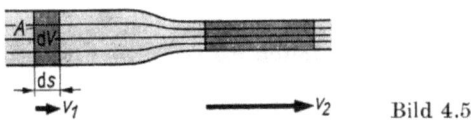

Bild 4.5

4.2.5 Bernoullische Gleichung

ist der Energieerhaltungssatz für reibungsfreie Strömung.

$$p + \varrho g h + \frac{1}{2} \varrho v^2 = \text{const} \qquad \text{Pa}$$

Für *horizontale Strömung* gilt:
Die Summe von statischem Druck und dynamischem Druck ist gleich dem konstanten Gesamtdruck.

$$p + \frac{1}{2} \varrho v^2 = p_{\text{ges}} = \text{const} \qquad \text{Pa}$$

4.2.6 Innere Reibungskraft

ist die bei laminarer Strömung an den Grenzflächen der Flüssigkeits- bzw. Gasschichten beim *Geschwindigkeitsgefälle* $\Delta v/\Delta x$ auftretende Reibungskraft.

$$F = \eta A \frac{\Delta v}{\Delta x} \qquad \text{N}$$

Dynamische Viskosität (Stoffkonstante)

kennzeichnet die Zähigkeit eines Mediums.

$$\eta \qquad \text{Pa s}$$

$\rightarrow Tab.\,4.1$

Kinematische Viskosität (Stoffkonstante)

ist der Quotient aus dynamischer Viskosität und der Dichte des Mediums.

$$\nu = \frac{\eta}{\varrho} \qquad \text{m}^2\,\text{s}^{-1}$$

4.2.7 Stromstärke in engem Rohr bei laminarer Strömung (Gleichung von Hagen und Poiseuille)

Die Stromstärke hängt vom Radius und von der Länge des Rohres, vom auftretenden Druckabfall und von der dynamischen Viskosität des Mediums ab.

$$I = \frac{\pi r^4}{8 \eta} \frac{\Delta p}{\Delta l} \qquad \text{m}^3\,\text{s}^{-1}$$

4.2.8 Kraft auf laminar umströmte Kugel (Stokessche Gleichung)

$$F = 6 \pi \eta r v \qquad \text{N}$$

4.2.9 Strömungswiderstand für einen umströmten Körper

ist die Kraft, die in einer realen Strömung (Dichte des Mediums ϱ; Geschwindigkeit v)

auf einen Körper mit der Querschnittsfläche A (senkrecht zur Strömung gemessen) ausgeübt wird.

$$F_W = \frac{1}{2} \varrho\, c_W\, A\, v^2 \qquad \text{N}$$

Widerstandsbeiwert; Widerstandszahl

kennzeichnet die Abhängigkeit des Strömungswiderstandes von der Körperform.

$$c_W \qquad 1$$

$\rightarrow Tab.\ 4.2$

☐ **Beispiel 4.5**

In einem Schlauch von 2,5 cm Innendurchmesser fließt Wasser mit einer Geschwindigkeit von 2,0 m s^{-1}. Als Mundstück wird ein Rohr mit 1,0 cm Durchmesser verwendet.
1. Mit welcher Geschwindigkeit strömt das Wasser aus dem Mundstück?
2. Wie groß ist die Stromstärke a) im Schlauch, b) im Mundstück?
3. Wie groß ist der statische Druck des Wassers beim Durchströmen des Mundstücks, wenn in der geschlossenen Leitung ein Druck von 300 kPa herrscht?

1. $v_2 = \dfrac{A_1}{A_2} v_1 = \left(\dfrac{d_1}{d_2}\right)^2 v_1 \qquad v_2 = 12{,}5\ \text{m s}^{-1}$

2. a) $I_S = A_S\, v_1 = \dfrac{d_1^2\, \pi}{4} v_1 \qquad I_S = 0{,}98\ \text{l s}^{-1}$

   b) $I_S = I_M$

■ 3. $p_{\text{stat}} = p_{\text{ges}} - \dfrac{1}{2} \varrho\, v_2^2 \qquad p_{\text{stat}} = 222\ \text{kPa}$

☐ **Beispiel 4.6**

Erklären Sie, 1. weshalb eine offene Tür zuschlägt, wenn ein kräftiger Windstoß durch die Türöffnung streicht, und
2. die Wirkungsweise eines Zerstäubers nach Bild 4.6.

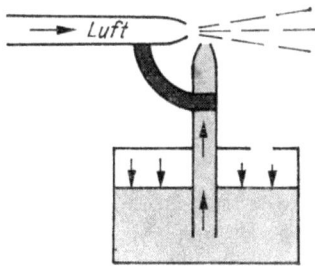

Bild 4.6

■ Erklärung: In beiden Fällen ist der statische Druck in der strömenden Luft kleiner als in ruhender Luft.

☐ **Beispiel 4.7**

Berechnen Sie die bei einem Kraftwagen zur Überwindung des Fahrwiderstandes und der Luftreibung erforderliche Leistung bei einer Geschwindigkeit von 100 km h^{-1} auf Asphalt. Die Gesamtmasse des Wagens beträgt 1,3 t, die Querschnittsfläche 2,06 m², der Widerstandsbeiwert 0,5, die Dichte der Luft 1,2 kg m^{-3} und die Fahrwiderstandszahl 0,022.

$$P = (F_{RF} + F_W)\, v = \left(\mu_F\, m\, g + \frac{1}{2}\, \varrho\, c_W\, A\, v^2\right) v$$

$$P = 21\ \text{kW}$$

∎

Tabelle 4.1 Dynamische Viskosität von Flüssigkeiten und Gasen bei 20 °C

Stoff	η/mPa s
Äthanol	1,16
Benzol	0,649
Glyzerin (Propantriol)	1470
Luft	0,0182
Quecksilber	1,554
Schwefelsäure	29
Wasser	1,005

Tabelle 4.2 Widerstandsbeiwert

Körper	c_W
Halbkugel (hinten offen)	0,34
Halbkugel (vorn offen)	1,33
Kugel	0,4
Stromlinienkörper	0,06
Personenkraftwagen	0,4*
Lastkraftwagen	0,9*

5 Kinetische Theorie der Wärme

5.1 Grundbegriffe

5.1.1 Mikroskopischer Zustand

Der mikroskopische Zustand kann nur durch *statistische Mittelwerte* der angegebenen Größen erfaßt werden. Eine Vielzahl von Teilchen gehorcht statistischen Gesetzen; das Verhalten des einzelnen Teilchens unterliegt *Schwankungen* (Abweichungen vom Mittelwert). Wichtige mikroskopische Größen zur Kennzeichnung der Eigenschaften eines Gases sind: mittlere Geschwindigkeit (Wurzel aus dem mittleren Geschwindigkeitsquadrat), mittlere kinetische Energie, mittlerer Impuls der Moleküle. Mikroskopische Größen sind nicht direkt meßbar.

5.1.2 Makroskopischer Zustand — Zustandsgrößen

Der makroskopische Zustand ist durch die *Zustandsgrößen* bestimmt. Wichtige Zustandsgrößen sind Temperatur, Druck und Volumen. Makroskopische Größen sind direkt meßbar.

5.1.3 Stoffmenge

Stoffmenge n mol (Mol)
(kmol $= 10^3$ mol)

ist Basisgröße. Sie ist der Teilchenanzahl proportional.
Das Mol ist die Stoffmenge eines Systems, das so viele Teilchen (Atome, Moleküle, Ionen, ...) enthält, wie Atome in 12 g des Kohlenstoffs 12 enthalten sind.

5.1.4 Molare Größen

Molare Größen sind stoffmengenbezogene Größen:

$$X_m = \frac{X}{n}$$

Molare Masse $\quad m_m = M = \frac{m}{n}$ $\qquad$ kg mol^{-1} (kg kmol^{-1})

Molares Volumen $\quad V_m = \frac{V}{n}$ $\qquad$ m^3 mol^{-1}

Molare Teilchenzahl $\quad N_m = \frac{N}{n}$ $\qquad$ mol^{-1}

Die molare Teilchenzahl ist für alle Stoffe konstant und heißt

Avogadro-Konstante $N_A = 6{,}022 \cdot 10^{23}\,\text{mol}^{-1}$

1 mol eines jeden Stoffes besteht aus $6{,}022 \cdot 10^{23}$ Teilchen.

5.1.5 Masse der Moleküle

Relative Molekülmasse ist der Zahlenwert der molaren Masse (gemessen in g mol^{-1} oder kg kmol^{-1}):

$$M_r = M/\text{g mol}^{-1} \qquad\qquad 1$$

Die relative Molekülmasse ist auch das Verhältnis der Masse μ eines Moleküls des Stoffes zu $1/12$ der Masse eines Moleküls von Kohlenstoff 12:

$$M_r = \frac{12\,\mu}{\mu_{C-12}} \qquad\qquad 1$$

Masse eines einzelnen Moleküls $\quad \mu = \dfrac{M}{N_A} = \dfrac{m}{N} \qquad\qquad \text{kg}$

☐ **Beispiel 5.1**

Berechnen Sie die Masse eines CO_2-Moleküls.

■ $\quad \mu = \dfrac{M}{N_A} \qquad\qquad \mu = \dfrac{44\,\text{kg kmol}}{\text{kmol} \cdot 6{,}022 \cdot 10^{26}} = 7{,}3 \cdot 10^{-26}\,\text{kg}$

5.1.6 Spezifische Größen

Spezifische Größen sind massenbezogene Größen:

$$x = \frac{X}{m}$$

Spezifisches Volumen $\quad v = \dfrac{V}{m}\left(= \dfrac{1}{\varrho}\right) \qquad\qquad \text{m}^3\,\text{kg}^{-1}$

Spezifische Wärmekapazität $\quad c = \dfrac{C}{m} \qquad\qquad \text{J kg}^{-1}\,\text{K}^{-1}$

5.2 Thermodynamische Wahrscheinlichkeit

Die thermodynamische Wahrscheinlichkeit kennzeichnet die Anzahl der Mikrozustände, mit denen ein gegebener Makrozustand realisiert werden kann:

$$w = \left(\frac{V}{\Delta V}\right)^N \qquad\qquad 1$$

5.3 Ideales Gas

Modellgas, dessen Moleküle kein Eigenvolumen haben und keine Anziehungskräfte aufeinander ausüben. *Reale Gase* verhalten sich angenähert wie das ideale Gas, wenn ihre Temperatur weit über ihrem Kondensationspunkt liegt (H_2, O_2, N_2, CO, Edelgase bei Zimmertemperatur).

5.4 Druck, Temperatur und mittlere kinetische Energie

$$pV = \frac{1}{3} m \overline{v^2} \qquad \text{J}$$

Mittlere kinetische Energie eines Moleküls des idealen Gases
$$\overline{E_{kin}} = \frac{3}{2} kT \qquad \text{J}$$

kennzeichnet die Temperatur des Gases.

Boltzmann-Konstante $\quad k = 1{,}3807 \cdot 10^{-23}$ J K^{-1}

kennzeichnet die Energie, die jedem Molekül des idealen Gases zugeführt werden muß, um die Temperatur des Gases um 1 K zu erhöhen.

◻ **Beispiel 5.2**

In einem Zimmer mit einem Volumen von 80 m³ befinden sich bei einem Druck von 100 kPa 100 kg Luft. Es ist die mittlere Geschwindigkeit der Gasmoleküle zu berechnen.

■ $\quad pV = \frac{1}{3} m \overline{v^2} \rightarrow v = \sqrt{\frac{3pV}{m}} \qquad v = 490 \text{ m s}^{-1}$

5.5 Zustandsgleichung des idealen Gases (1. Form)

Formen der Zustandsgleichung des idealen Gases
$$pV = nRT \qquad \text{J}$$
$$pV = \frac{m}{M} RT \qquad \text{J}$$
$$pV = m R^* T \qquad \text{J}$$

Die Zustandsgleichung beschreibt den Zusammenhang zwischen Masse bzw. Stoffmenge und den Zustandsgrößen Druck, Volumen und Temperatur des idealen Gases.

Allgemeine Gaskonstante
$R = k N_A \qquad$ J mol^{-1} K^{-1}
$R = 8{,}314$ J mol^{-1} K^{-1}

kennzeichnet die Energie, die einem Mol des idealen Gases zugeführt werden muß, um die Temperatur um 1 K zu erhöhen.

Spezielle Gaskonstante $\quad R^* = \frac{R}{M} \qquad$ J kg^{-1} K^{-1}

hängt von der Art des Gases ab und kennzeichnet die Energie, die einem Kilogramm des idealen Gases zugeführt werden muß, um die Temperatur um 1 K zu erhöhen.

Molares Normvolumen des idealen Gases $\quad V_{m0} = 22{,}4138$ m³ kmol^{-1}

folgt aus der Zustandsgleichung für die

Normbedingungen $\quad p_0 = 101{,}325$ kPa

$T_0 = 273{,}15$ K

Beispiel 5.3

Berechnen Sie die Stoffmenge eines Gases, das bei 27 °C und 100 kPa ein Volumen von 0,24 m³ einnimmt.

$$n = \frac{pV}{RT} \qquad n = \frac{10^5 \text{ Pa} \cdot 0{,}24 \text{ m}^3 \cdot \text{mol} \cdot \text{K}}{8{,}314 \text{ J} \cdot 300 \text{ K}} = 9{,}62 \text{ mol}$$

Beispiel 5.4

Unter welchem Druck stehen 1,2 kg Luft, die bei einer Temperatur von 17 °C ein Volumen von 0,84 m³ einnehmen?

$$p = \frac{mRT}{MV} \qquad p = \frac{1{,}2 \text{ kg} \cdot 8{,}314 \text{ J} \cdot 290 \text{ K} \cdot \text{mol}}{\text{mol} \cdot \text{K} \cdot 0{,}029 \text{ kg} \cdot 0{,}84 \text{ m}^3}$$

$$p = 119 \cdot 10^3 \frac{\text{N}}{\text{m}^2} = 119 \text{ kPa}$$

5.6   Freiheitsgrade und Gleichverteilungssatz

5.6.1   Freiheitsgrad

Die Freiheitsgrade sind die voneinander unabhängigen Koordinaten, durch die der Bewegungszustand eines Körpers eindeutig festgelegt ist:

einatomiges ideales Gas $\quad f = 3$

zweiatomiges ideales Gas $\quad f = 5$

5.6.2   Gleichverteilungssatz

Auf jeden Freiheitsgrad eines Moleküls entfällt im räumlichen und zeitlichen Mittel die Energie

$$W = \frac{1}{2} kT.$$

5.7   Innere Energie

ist die in einem Körper als potentielle und kinetische Energie der Atome oder Moleküle gespeicherte Energie. Für das ideale Gas gilt

$$U = Nf \cdot \frac{1}{2} kT \qquad \qquad \text{J}$$

$$U = f \cdot \frac{1}{2} nRT \qquad \qquad \text{J}$$

Beispiel 5.5

Berechnen Sie die innere Energie von 4,5 mol Stickstoff bei einer Temperatur von 25 °C.

$$U = f \cdot \frac{1}{2} nRT \qquad U = \frac{5 \cdot 4{,}5 \text{ mol} \cdot 8{,}314 \text{ J} \cdot 298 \text{ K}}{2 \text{ mol} \cdot \text{K}}$$

$$U = 27{,}9 \text{ kJ}$$

5.8 Mittlere freie Weglänge

ist die Strecke, die von einem Molekül des idealen Gases im Mittel zurückgelegt wird, bis es mit einem anderen Molekül zusammenstößt.

$$\Lambda = \frac{M}{4\pi\sqrt{2}\, r^2 \varrho\, N_A} \qquad \text{m}$$

$$\Lambda = \frac{kT}{4\pi\sqrt{2}\, r^2 p} \qquad \text{m}$$

□ **Beispiel 5.6**

Berechnen Sie die mittlere freie Weglänge der Gasmoleküle in einer Elektronenröhre (Druck 10 mPa, Temperatur 27 °C). Der Molekülradius beträgt 190 pm.

$$\Lambda = \frac{kT}{4\pi\sqrt{2}\, r^2 p} \qquad \Lambda = \frac{1{,}38\,\text{J} \cdot 300\,\text{K} \cdot 10^{24} \cdot \text{m}^2}{10^{23}\,\text{K} \cdot 4\pi\sqrt{2} \cdot 190^2\,\text{m}^2 \cdot 0{,}01\,\text{N}}$$

$$\Lambda = 0{,}65\,\text{m} = 65\,\text{cm}$$

■

6 Thermodynamik

6.1 Temperatur

6.1.1 Temperaturskalen

Temperatur T K (Kelvin)
(thermodynamische)

ist Basisgröße.
Das Kelvin ist der 273,16te Teil der Temperatur des Tripelpunktes von Wasser (s. S. 65).

Celsiustemperatur t $t/°C = T/K - 273{,}15$

Temperaturdifferenzen $\Delta t = \Delta T$ K

haben in beiden Temperaturskalen den gleichen Wert und werden immer in der Einheit Kelvin angegeben.

6.1.2 Länge und Volumen bei Temperaturänderung

Längenänderung $\Delta l = \alpha \, l_1 \, \Delta T$ m

Endlänge $l_2 = l_1 (1 + \alpha \, \Delta T)$ m

Längenausdehnungskoeffizient α K^{-1}

kennzeichnet die auf die Temperaturdifferenz bezogene relative Längenänderung.
→ Tab. 6.1

Volumenänderung $\Delta V = \gamma \, V_1 \, \Delta T$ m^3

Endvolumen $V_2 = V_1 (1 + \gamma \, \Delta T)$ m^3

Raumausdehnungskoeffizient $\gamma = 3 \alpha$ K^{-1}

kennzeichnet die auf die Temperaturdifferenz bezogene relative Volumenänderung.
→ Tab. 6.2

Enddichte $\varrho_2 = \dfrac{\varrho_1}{1 + \gamma \, \Delta T}$ kg m^{-3}

□ **Beispiel 6.1**

Um welchen Betrag ändert sich die Länge eines Dampfrohrs aus Stahl, das bei 20 °C genau 6,0 m lang ist, wenn Dampf von 120 °C hindurchströmt?

$$\Delta l = \alpha \, l_1 \, \Delta t \qquad \Delta l = \frac{14 \cdot 6 \cdot \text{m} \cdot 100 \, \text{K}}{10^6 \, \text{K}} = 0{,}0084 \, \text{m}$$

$$\Delta l = 8{,}4 \, \text{mm}$$

■

6.2 Energieumwandlungen

6.2.1 Wärmemenge

Wärmemenge $\quad\quad Q \quad\quad\quad\quad J$

ist die Energie der Molekularbewegung, die von einem Körper höherer Temperatur auf einen Körper tieferer Temperatur übergeht.

6.2.2 Vorgänge mit Wärmeumsatz

Vorgang	Dabei tritt auf	Gleichung	Materialwert
Temperatur-änderung	Wärmemenge (Temperaturände-rungswärme)	$Q = c\,m\,\Delta T$	spezifische Wärmekapazität
Schmelzen (Erstarren)	Schmelzwärme (Erstarrungswärme)	$Q = q\,m$	spezifische Schmelzwärme
Verdampfen (Kondensieren)	Verdampfungswärme (Kondensations-wärme)	$Q = r\,m$	spezifische Verdampfungswärme $\rightarrow$ Tab. 6.3
Verbrennung	Verbrennungswärme		
• fester und flüssiger Brennstoffe		$Q = H\,m$	Heizwert H
• gasförmiger Brennstoffe		$Q = H'\,V$	Heizwert H' $\rightarrow$ Tab. 6.4
Reibung	Reibungswärme	$Q = W_\mathrm{R} = F_\mathrm{R}\,s$	
Elektrischer Stromfluß	Elektrowärme	$Q = W_\mathrm{el} = I^2\,R\,t$	

6.2.3 Wärmekapazität eines Körpers

$$C = \frac{Q}{\Delta T} = c\,m \quad\quad\quad\quad \mathrm{J\,K^{-1}}$$

kennzeichnet die dem Körper zuzuführende Wärmemenge, um dessen Temperatur um 1 K zu erhöhen.

6.2.4 Kalorimetrie

Für den Wärmeaustausch gilt der Energieerhaltungssatz:

von den wärmeren Körpern abgegebene Wärmemenge $=$ von den kälteren Körpern aufgenommene Wärmemenge

$$\Sigma Q_\mathrm{ab} = \Sigma Q_\mathrm{auf}$$

Beispiel 6.2

Wieviel Wasser von 80 °C und wieviel Wasser von 10 °C sind zu mischen, wenn 140 l Wasser von 40 °C benötigt werden?

$$c \varrho V_1 (t_1 - t_m) = c \varrho V_2 (t_m - t_2)$$

$$V_1 + V_2 = V$$

$$V_1 = \frac{V (t_m - t_2)}{t_1 - t_2} \qquad V_1 = \frac{140\,l \cdot 30\,K}{70\,K} = 60\,l$$

$$V_2 = \frac{V (t_1 - t_m)}{t_1 - t_2} \qquad V_2 = \frac{140\,l \cdot 40\,K}{70\,K} = 80\,l$$

Beispiel 6.3

Welche Wärmemenge ist aufzuwenden, um 2,5 kg Eis (Temperatur -10 °C) zu schmelzen und das Schmelzwasser vollständig zu verdampfen?
Das Eis ist zunächst bis zum Schmelzpunkt zu erwärmen (Q_1), zu schmelzen (Q_2), das Schmelzwasser bis zum Siedepunkt zu erwärmen (Q_3) und schließlich zu verdampfen (Q_4):

$$Q_1 = c_E\, m\, (t_{sm} - t_E)$$

$$Q_2 = q\, m$$

$$Q_3 = c_W\, m\, (t_{sd} - t_{sm})$$

$$Q_4 = r\, m$$

$$Q = m\, [c_E\, (t_{sm} - t_E) + q + c_W\, (t_{sd} - t_{sm}) + r]$$

$$Q = 2{,}5\,\text{kg} \left(2{,}09\,\frac{\text{kJ}}{\text{kg K}} \cdot 10\,\text{K} + 334\,\frac{\text{kJ}}{\text{K}} + 4{,}18\,\frac{\text{kJ}}{\text{kg K}} \cdot 100\,\text{K} + 2256\,\frac{\text{kJ}}{\text{K}}\right)$$

$$Q = 7572\,\text{kJ} = 7{,}57\,\text{MJ}$$

Beispiel 6.4

Wieviel Propangas wird gebraucht, um 4,0 l Wasser von 10 °C zum Sieden zu bringen? Der Wirkungsgrad sei 40 %.

$$\eta = \frac{c\, m\, \Delta t}{V\, H'} \rightarrow V = \frac{c\, m\, \Delta t}{\eta\, H'}$$

$$V = \frac{4{,}18\,\text{kJ} \cdot 4\,\text{kg} \cdot 90\,\text{K} \cdot \text{m}^3}{\text{kg K} \cdot 0{,}4 \cdot 95\,\text{MJ}} = 0{,}0396\,\text{m}^3 = 40\,l$$

6.2.5 1. Hauptsatz der Thermodynamik

$$dQ = dU + dW \qquad\qquad\qquad\qquad\qquad\qquad\qquad\qquad\text{J}$$

$$Q = \Delta U + W \qquad\qquad\qquad\qquad\qquad\qquad\qquad\qquad\text{J}$$

Die einem System zugeführte (entnommene) Wärmemenge ist gleich der Summe aus der Änderung der inneren Energie des Systems und der vom System abgegebenen (aufgenommenen) Arbeit.

Vorzeichendefinition:

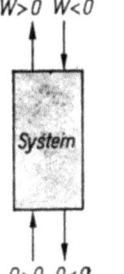

Bild 6.1

Ausdehnungsarbeit

$$W = \int_{V_1}^{V_2} p \, dV \qquad \text{J}$$

ist die Arbeit, die ein Gas bei Vergrößerung seines Volumens verrichtet.

□ **Beispiel 6.5**

Einem Gas wird eine Wärmemenge von 240 kJ zugeführt. Bei konstantem Druck 100 kPa dehnt sich das Gas von 1,2 m³ auf 2,8 m³ aus. Berechnen Sie die Änderung der inneren Energie des Gases.

Aus $Q = \Delta U + \int_{V_1}^{V_2} p \, dV$ folgt für $p = \text{const}$: $Q = \Delta U + p(V_2 - V_1)$ und

$\Delta U = Q - p(V_2 - V_1)$ $\Delta U = 240 \text{ kJ} - 100 \text{ kPa} \cdot 1,6 \text{ m}^3 = 80 \text{ kJ}$

■ Die Erhöhung der inneren Energie macht sich durch Temperaturanstieg bemerkbar.

6.2.6 Enthalpie

ist die Summe aus innerer Energie und Verdrängungsarbeit:

$$H = U + pV \qquad \text{J}$$

Sie ist eine Zustandsgröße. Die Enthalpiezunahme ist gleich der Wärmemenge, die einem Körper bei konstantem Druck zugeführt wird.

6.3 Zustandsänderungen des idealen Gases

6.3.1 Zustandsgleichung des idealen Gases (2. Form)

gibt den Zusammenhang zwischen Drücken, Volumen und Temperaturen einer abgeschlossenen Menge des idealen Gases in verschiedenen Zuständen an:

$$\frac{p_1 V_1}{T_1} = \frac{p_2 V_2}{T_2}$$

Beispiel 6.6

2,8 m³ Luft stehen bei 20 °C unter einem Druck von 700 kPa. Berechnen Sie das Volumen, wenn sich die Temperatur auf 50 °C erhöht und der Druck auf 100 kPa abfällt.

$$V_2 = \frac{p_1 T_2 V_1}{p_2 T_1} \qquad V_2 = \frac{700 \text{ kPa} \cdot 323 \text{ K} \cdot 2{,}8 \text{ m}^3}{100 \text{ kPa} \cdot 293 \text{ K}} = 21{,}6 \text{ m}^3$$

6.3.2 Spezifische Wärmekapazitäten des idealen Gases

für Erwärmung bei konstantem Volumen c_v

$$c_p > c_v \qquad \text{J kg}^{-1} \text{ K}^{-1}$$

für Erwärmung bei konstantem Druck c_p

MAYERsche Gleichung:

$$c_p - c_v = \frac{R}{M} \qquad \text{J kg}^{-1} \text{ K}^{-1}$$

Adiabatenexponent (Isentropenexponent) $\quad \varkappa = \dfrac{c_p}{c_v} \qquad\qquad 1$

$\varkappa = 1{,}67$ für einatomiges ideales Gas

$\varkappa = 1{,}40$ für zweiatomiges ideales Gas

$\rightarrow$ Tab. 6.5

6.3.3 Innere Energie und Enthalpie des idealen Gases

| Innere Energie | $U = c_v \, m \, T$ | J |
| Enthalpie | $H = c_p \, m \, T$ | J |

6.3.4 Übersicht über die Zustandsänderungen

Zustands-änderung	p, V-Diagramm	Glei-chung	1. Haupt-satz	Zugeführte Wärme	Ab-gegebene Arbeit
Vollkommener Wärmeaustausch mit Umgebung (Idealfall)					
Isochor ($V =$ const) $dV = 0$ $dW = 0$	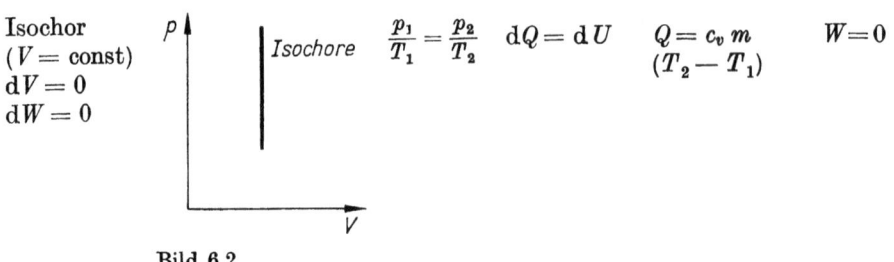 Isochore	$\dfrac{p_1}{T_1} = \dfrac{p_2}{T_2}$	$dQ = dU$	$Q = c_v \, m \, (T_2 - T_1)$	$W = 0$

Bild 6.2

Zustands- änderung	p,V-Diagramm	Glei- chung	1. Haupt- satz	Zugeführte Wärme	Ab- gegebene Arbeit
Isobar $(p = \text{const})$ $dp = 0$	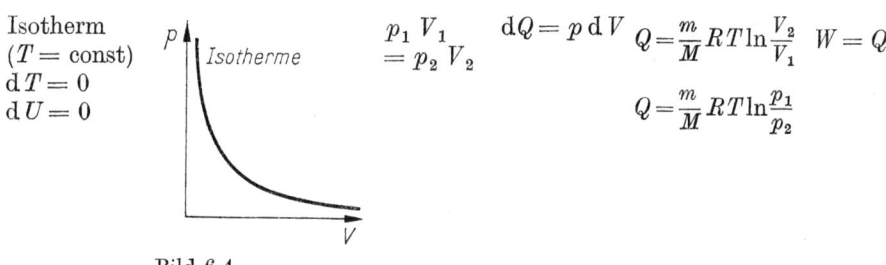 Bild 6.3	$\dfrac{V_1}{T_1} = \dfrac{V_2}{T_2}$	$dQ = dU + dW$	$Q = c_p\, m\,(T_2 - T_1)$	$W = p \times (V_2 - V_1)$
Isotherm $(T = \text{const})$ $dT = 0$ $dU = 0$	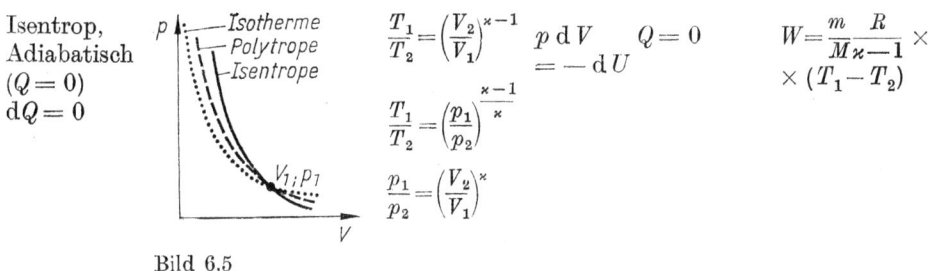 Bild 6.4	$p_1 V_1 = p_2 V_2$	$dQ = p\, dV$	$Q = \dfrac{m}{M} R T \ln \dfrac{V_2}{V_1}$ $Q = \dfrac{m}{M} R T \ln \dfrac{p_1}{p_2}$	$W = Q$

Kein Wärmeaustausch mit Umgebung (Idealfall)

| Isentrop, Adiabatisch $(Q = 0)$ $dQ = 0$ | p,V-Diagramm (Isotherme, Polytrope, Isentrope); Bild 6.5 | $\dfrac{T_1}{T_2} = \left(\dfrac{V_2}{V_1}\right)^{\varkappa - 1}$ $\dfrac{T_1}{T_2} = \left(\dfrac{p_1}{p_2}\right)^{\frac{\varkappa - 1}{\varkappa}}$ $\dfrac{p_1}{p_2} = \left(\dfrac{V_2}{V_1}\right)^{\varkappa}$ | $p\, dV = -dU$ | $Q = 0$ | $W = \dfrac{m}{M} \dfrac{R}{\varkappa - 1} \times (T_1 - T_2)$ |

Unvollständiger Wärmeaustausch mit Umgebung (Realfall)

Polytrop $\qquad\qquad\qquad dW = dQ - dU \quad Q \neq 0$

$dQ \neq 0$

Für die polytrope Zustandsänderung gelten die Gleichungen der isentropen Zustandsänderung, wenn anstelle des Adiabatenexponenten $\varkappa$ der Polytropenexponent k gesetzt wird.

Es gilt: $1 < k < \varkappa$

□ **Beispiel 6.7**

10 m³ Luft, die unter einem Druck von 0,11 MPa stehen, haben eine Temperatur von 27 °C. Sie sollen isotherm auf 1 m³ komprimiert werden. Berechnen Sie

1. den erforderlichen Druck,
2. die Kompressionsarbeit,
3. die abzuführende Wärmemenge.

1. $p_2 = \dfrac{p_1 V_1}{V_2}$ $\qquad p_2 = 1{,}1$ MPa

2. $W = \dfrac{m}{M} R T \ln \dfrac{V_2}{V_1} = p_1 V_1 \ln \dfrac{V_2}{V_1} = 2{,}3\, p_1 V_1 \lg \dfrac{V_2}{V_1}$

$W = 2{,}3 \cdot 0{,}11 \dfrac{\text{MN}}{\text{m}^2} \cdot 10\text{ m}^3 \cdot \lg \dfrac{1}{10} = -2{,}53\text{ MJ} = -0{,}703\text{ kWh}$

Das Minuszeichen bedeutet, daß mechanische Arbeit zugeführt werden muß.

3. $Q = W$ $\qquad Q = -2{,}53$ MJ

Das Minuszeichen bedeutet Wärmeabfuhr.

Beispiel 6.8

5 m³ Luft (27 °C, 0,12 MPa) sollen durch Temperaturerhöhung auf einen Druck von 0,4 MPa gebracht werden. Berechnen Sie:
1. die erforderliche Temperatur,
2. die zuzuführende Wärmemenge.

Die mittlere spezifische Wärmekapazität in diesem Temperaturbereich beträgt 0,779 kJ kg^{-1} K^{-1}.

1. $T_2 = \dfrac{T_1 p_2}{p_1}$ $\qquad T_2 = 1000$ K

2. $Q = \dfrac{c_v p_1 V M}{R T_1}(T_2 - T_1)$ $\qquad Q = 3{,}80$ MJ

Beispiel 6.9

5 m³ Luft (27 °C) sollen bei konstantem Druck 0,12 MPa auf 727 °C erwärmt werden. Berechnen Sie:
1. das Volumen des erwärmten Gases,
2. die zuzuführende Wärmemenge,
3. die Ausdehnungsarbeit des Gases.

Die mittlere spezifische Wärmekapazität bei konstantem Druck beträgt in diesem Temperaturbereich 1,068 kJ kg^{-1} K^{-1}.

1. $V_2 = \dfrac{V_1 T_2}{T_1}$ $\qquad V_2 = \dfrac{5\text{ m}^3 \cdot 1000\text{ K}}{300\text{ K}} = 16{,}7\text{ m}^3$

2. Aus $Q = c_p m (T_2 - T_1)$ und $pV = \dfrac{m}{M} R T$ folgt

$Q = \dfrac{c_p p V_1 M}{R T_1}(T_2 - T_1)$

$Q = \dfrac{1{,}068\text{ kJ} \cdot 0{,}12\text{ MPa} \cdot 5\text{ m}^3 \cdot 29\text{ g} \cdot 700\text{ K} \cdot \text{mol} \cdot \text{K}}{\text{kg K} \cdot 8{,}314\text{ J mol} \cdot 300\text{ K}}$

$Q = 5{,}2$ MJ

3. $W = p(V_2 - V_1)$ $\qquad W = 0{,}12\text{ MPa} \cdot 11{,}7\text{ m}^3 = 1{,}40$ MJ

□ **Beispiel 6.10**

10 m³ Luft (0,11 MPa, 27 °C) sollen isentrop (adiabatisch) auf 1 m³ komprimiert werden. Berechnen Sie:
1. den erforderlichen Druck,
2. die Temperatur, die das Gas annimmt,
3. die vom Kompressor zu verrichtende Arbeit.

1. $p_2 = p_1 \left(\frac{V_1}{V_2}\right)^\varkappa$ $\qquad p_2 = 0{,}11 \text{ MPa} \left(\frac{10}{1}\right)^{1{,}4} = 0{,}11 \cdot 25{,}12 \text{ MPa}$

$\qquad\qquad\qquad\qquad\quad p_2 = 2{,}76 \text{ MPa}$

2. $T_2 = T_1 \left(\frac{V_1}{V_2}\right)^{\varkappa - 1}$ $\qquad T_2 = 300 \text{ K} \cdot 10^{0{,}4} = 300 \cdot 2{,}512 \text{ K} = 754 \text{ K}$

3. $W = \frac{p_1 V_1}{(\varkappa - 1) T_1} (T_1 - T_2)$ $\quad W = \frac{0{,}11 \text{ MPa} \cdot 10 \text{ m}^3}{0{,}4 \cdot 300 \text{ K}} \cdot (-454 \text{ K})$

$\qquad\qquad\qquad\qquad\quad W = -4{,}16 \text{ MJ} = -1{,}16 \text{ kWh}$

■

6.4 Kreisprozesse und 2. Hauptsatz der Thermodynamik

6.4.1 Kreisprozeß

Bei einem Kreisprozeß erfolgen mehrere Zustandsänderungen nacheinander so, daß der ursprüngliche Zustand wieder erreicht wird. Alle periodisch arbeitenden Wärmekraftmaschinen führen Kreisprozesse aus.

6.4.2 Reversible und irreversible Prozesse

Reversibler Prozeß: Vorgang, der zwischen einem Anfangszustand und einem Endzustand abläuft und der in umgekehrter Richtung so ablaufen kann, daß der Anfangszustand vollkommen wieder erreicht wird, ohne daß eine Änderung der Umgebung zurückbleibt.
Irreversibler Prozeß: Prozeß, der nicht reversibel ist. Alle mit Reibung verbundenen Prozesse sind irreversibel.

6.4.3 Carnot-Prozeß

ist ein idealer Kreisprozeß.

Bedingungen:
● ideales Gas
● quasistatische Führung des Prozesses (reversibel ablaufend mit infinitesimalen Temperaturdifferenzen beim Wärmeaustausch).

Verlauf: 4 Zustandsänderungen
1. isotherme Expansion von A nach B
2. isentrope Expansion von B nach C
3. isotherme Kompression von C nach D
4. isentrope Kompression von D nach A

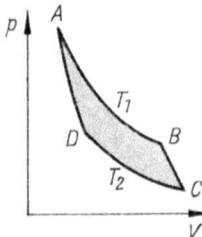

Bild 6.6

Gas nimmt Wärmeenergie Q_1 bei hoher Temperatur T_1 auf. Diese wird zum Teil

umgewandelt in mechanische Arbeit W (Nutzenergie)

bei tieferer Temperatur abgegeben als Wärmeenergie Q_2 (Verlustwärme)

Thermischer Wirkungsgrad des CARNOT-Prozesses

$$\eta = \frac{W}{Q_1} = \frac{T_1 - T_2}{T_1} \qquad 1$$

ist der bei einem beliebigen Kreisprozeß maximal mögliche (in der Praxis nicht erreichbare) Wirkungsgrad.

Kältemaschine, Wärmepumpe

Durch Aufwand mechanischer Energie wird Wärmeenergie bei tiefer Temperatur aufgenommen (Kühlwirkung der Kältemaschine) und bei hoher Temperatur abgegeben (Heizwirkung der Wärmepumpe).

Leistungszahl der Kältemaschine

$$\varepsilon = \left|\frac{Q_2}{W}\right| = \frac{T_2}{T_1 - T_2} \qquad 1$$

ist das Verhältnis der bei tiefer Temperatur T_2 aufgenommenen Wärmeenergie Q_2 zur aufgewandten mechanischen Arbeit W.

Leistungszahl der Wärmepumpe

$$\varepsilon = \frac{Q_1}{W} = \frac{T_1}{T_1 - T_2} \qquad 1$$

ist das Verhältnis der bei hoher Temperatur T_1 abgegebenen Wärmeenergie Q_1 zur aufgewandten mechanischen Arbeit W.

□ **Beispiel 6.11**

Welche Leistungszahl hätte eine Tiefkühltruhe, die nach dem Carnot-Prinzip arbeitete, bei einer Außentemperatur von 27 °C und einer Innentemperatur von −33 °C?

■ $$\varepsilon = \frac{T_2}{T_1 - T_2} \qquad \varepsilon = \frac{240 \text{ K}}{60 \text{ K}} = 4$$

6.4.4 Entropie $\qquad S = k \ln w \qquad$ J K^{-1}

ist eine Zustandsgröße. Sie kennzeichnet den Unordnungszustand eines Systems und ist dem Logarithmus der thermodynamischen Wahrscheinlichkeit proportional (k BOLTZMANN-Konstante).

Entropieänderung für quasistatischen Prozeß

$$\Delta S = S_2 - S_1 = \int_1^2 \frac{dQ}{T} \qquad \text{J K}^{-1}$$

ist das Integral über die beim Prozeß umgesetzte *reduzierte Wärmemenge*.

6.4.5 2. Hauptsatz der Thermodynamik

In einem abgeschlossenen System verlaufen alle Vorgänge so, daß die Entropie nicht abnimmt; bei irreversiblen Prozessen wächst sie, bei reversiblen bleibt sie konstant:

$$\Delta S \geqq 0 \qquad \text{J K}^{-1}$$

Daraus folgt:
Wärmeenergie geht von selbst nur von Stellen höherer Temperatur zu Stellen tieferer Temperatur über.
Es gibt keine periodisch arbeitende Maschine, die nichts weiter leistet, als einem Wärmebehälter Wärme zu entziehen und diese in mechanische Energie umzusetzen.

6.5 Phasen und Phasenänderungen

6.5.1 Phase

ist ein homogenes, durch Trennflächen abgegrenztes Zustandsgebiet innerhalb eines inhomogenen Stoffsystems (Beispiele: Eis — flüssiges Wasser — Wasserdampf; α-Eisen — γ-Eisen — δ-Eisen)

6.5.2 Phasenübergänge

in einem System sind mit Energieaufnahme bzw. -abgabe verbunden:

Umwandlungsenergie (Schmelzwärme, Verdampfungswärme);
$\rightarrow$ Tab. 6.3

Umwandlungspunkt

Temperatur, bei der ein reiner Stoff von einer Phase in eine andere übergeht (Schmelzpunkt, Siedepunkt). Umwandlungspunkte sind druckabhängig.

Zustandsdiagramm

Druck-Temperatur-Diagramm, dem die Abhängigkeit der Phasen und der Umwandlungspunkte eines Systems von Temperatur und Druck zu entnehmen ist.

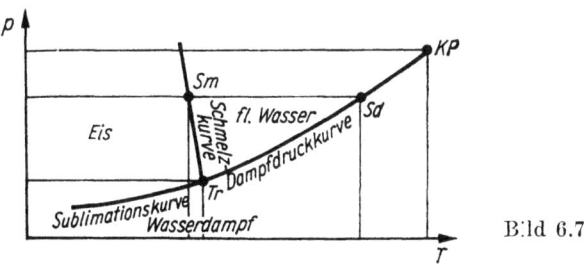

Bild 6.7

Tripelpunkt

Druck und Temperatur, bei denen drei Phasen (fest, flüssig, gasförmig) im Gleichgewicht stehen.

6.5.3 Kritischer Zustand eines Gases

Kritische Temperatur: Oberhalb dieser Temperatur ist eine Verflüssigung auch unter Druck nicht möglich.

Kritischer Druck: Dampfdruck bei der kritischen Temperatur

6.5.4 Luftfeuchte

Absolute Luftfeuchte $f = \dfrac{m_D}{V}$ $\quad$ kg m^{-3}; g m^{-3}

ist die Dichte des in der Luft enthaltenen Wasserdampfes.

Sättigungsmenge $\quad f_{\max} = \dfrac{m_{D\,\max}}{V}$ $\quad$ kg m^{-3}; g m^{-3}

ist die maximale (von der Temperatur abhängige) absolute Luftfeuchte.
$\rightarrow$ Tab. 6.6

Relative Luftfeuchte $\quad \varphi = \dfrac{f}{f_{\max}}$

ist das Verhältnis der absoluten Luftfeuchte und der bei der jeweiligen Temperatur maximal möglichen Luftfeuchte (Sättigungsmenge).
Taupunkt: Temperatur, bei der die relative Luftfeuchte 100% beträgt.
Bei Abkühlung wird daher flüssiges Wasser abgeschieden.

□ **Beispiel 6.12**

In einem Raum mit einem Volumen von 90 m³ besteht bei einer Temperatur von 22 °C eine relative Luftfeuchte von 50%. Wieviel Gramm Wasser kondensieren, wenn die Raumtemperatur auf 4 °C abfällt?

$$m = (\varphi_1 f_{\max 1} - f_{\max 2}) V \qquad f_{\max 1} = 19{,}4 \text{ g/m}^3$$

$$f_{\max 2} = 6{,}4 \text{ g/m}^3$$

■ $\qquad m = (0{,}5 \cdot 19{,}4 - 6{,}4) \dfrac{g}{m^3} \cdot 90 \text{ m}^3 = 297 \text{ g}$

6.5.5 Gaszustand (Übersicht)
siehe Seite 67 oben

6.6 Wärmetransport

6.6.1 Wärmestrom

kennzeichnet die auf die Zeit bezogene transportierte Wärmemenge:

$$\Phi = \frac{dQ}{dt} = \dot{Q} \qquad\qquad W$$

Gaszustand				
Reale Gase im weitesten Sinne				Ideales Gas
Dämpfe				
	Gase			
Gesättigter Dampf	Ungesättigter (überhitzter) Dampf		Quasiideales Gas	
ist die gasförmige Phase eines Stoffes, der mit der flüssigen Phase im thermodynamischen Gleichgewicht steht. Bei Kompression tritt Verflüssigung ein, ohne daß der Druck sich ändert.	ist ein reales Gas im engeren Sinne			
	Beispiele:			keine physikalische Realität
	CO_2, Cl_2, NH_3, SO_2		H_2, O_2, N_2, He	
	bei Normalbedingungen und noch höheren Temperaturen			
Die Zustandsgleichung des idealen Gases gilt				
nicht	nur angenähert		in sehr guter Näherung	exakt
Der Sättigungsdruck hängt allein von der Temperatur, nicht vom Volumen ab. Er steigt mit der Temperatur.	Es gilt die VAN-DER-WAALSsche Gleichung: $\left(p + \frac{n^2 a}{V^2}\right)(V - nb) = nRT$			

6.6.2 Wärmeleitung, Wärmeübergang, Wärmedurchgang

Gleichungen für den Wärmetransport:

Art des Wärmetransports	Übertragene Wärmemenge	Stoffkonstante	Einheit
Wärmeleitung durch ebene Wand	$Q = \lambda \frac{A t \Delta T}{l}$	Wärmeleitfähigkeit λ → Tab. 6.7	W (m K)$^{-1}$ J (m h K)$^{-1}$
Wärmeübergang von festem Körper auf Flüssigkeit oder Gas	$Q = \alpha \, A t \, \Delta T$	Wärmeübergangskoeffizient α	W (m^2 K)$^{-1}$ J (m^2 h K)$^{-1}$
Wärmedurchgang durch eine Trennwand zwischen zwei Medien	$Q = k \, A t \, \Delta T$ $\frac{1}{k} = \frac{1}{\alpha_1} + \frac{1}{\alpha_2} + \frac{l}{\lambda}$	Wärmedurchgangskoeffizient k	W (m^2 K)$^{-1}$ J (m^2 h K)$^{-1}$

☐ **Beispiel 6.13**

Welche Wärmemenge wird in 40 min durch einen Messingstab übertragen, der eine Länge von 0,50 m, eine Querschnittsfläche von 5 cm² und eine

Wärmeleitfähigkeit von 110 W m^{-1} K^{-1} hat, wenn zwischen seinen Enden eine Temperaturdifferenz von 200 K besteht?

$$Q = \frac{\lambda A t \Delta T}{l} \qquad Q = 52{,}8 \text{ kJ}$$

Beispiel 6.14

Durch die 1 cm dicke Metallwand eines Kessels wird Wärmeenergie von den Heizgasen (1100 °C) auf siedendes Wasser übertragen. Die Wärmeleitfähigkeit des Metalls ist 60 W m^{-1} K^{-1}; der Wärmeübergangskoeffizient zwischen Heizgas und Wand beträgt 60 W m^{-2} K^{-1}, zwischen Wand und Wasser dagegen 6 kW m^{-2} K^{-1}. Berechnen Sie
1. den Wärmedurchgangskoeffizienten,
2. die in 1 h durch die 10 m² große Wand übertragene Wärmemenge.

1. $k = \left(\frac{1}{\alpha_1} + \frac{1}{\alpha_2} + \frac{l}{\lambda}\right)^{-1} \qquad k = \left(\frac{1}{60} + \frac{1}{6000} + \frac{0{,}01}{60}\right)^{-1}$ W m^{-2} K^{-1}

$k = 58{,}8$ W m^{-2} K^{-1}

2. $Q = k A t \Delta T \qquad Q = \dfrac{58{,}8 \text{ W} \cdot 10 \text{ m}^2 \cdot 3600 \text{ s} \cdot 1000 \text{ K}}{\text{m}^2 \text{ K}}$

$Q = 2{,}12 \text{ GJ} = 588 \text{ kWh}$

Tabelle 6.1 Längenausdehnungskoeffizient und spezifische Wärmekapazität fester Stoffe

Stoff	$\alpha/10^{-6}$ K^{-1}	$c/\text{kJ kg}^{-1}$ K^{-1}
Aluminium	23	0,896
Blei	29	0,130
Eis (0 °C)	51	2,09
Eisen	12	0,465
Stahl	14*	0,477*
Kupfer	15	0,385
Messing	18	0,385
Platin	9	0,134
Silber	20	0,234
Zink	35	0,389
Zinn	27	0,218
Invar	2	—
Glas	10*	0,80*

Tabelle 6.2 Raumausdehnungskoeffizient und spezifische Wärmekapazität von Flüssigkeiten

Stoff	$\gamma/10^{-3}$ K^{-1}	$c/\text{kJ kg}^{-1}$ K^{-1}
Äthanol	1,10	2,43
Azeton (Propanon)	1,43	2,13
Benzol	1,06	1,72
Glyzerin	0,50	2,43
Quecksilber	0,18	0,14
Tetrachlormethan	1,22	0,84
Toluol	1,11	1,72
Wasser	0,18	4,18

Tabelle 6.3 Schmelzen und Verdampfen

t_{sm} Schmelzpunkt $\qquad q$ spezifische Schmelzwärme
t_{sd} Siedepunkt $\qquad r$ spezifische Verdampfungswärme

Stoff	$t_{sm}/°C$	$q/\text{kJ kg}^{-1}$	$t_{sd}/°C$	$r/\text{kJ kg}^{-1}$
Aluminium	660	396	2500	11720
Blei	327	25	1740	920
Eisen	1539	270	2880	6370
Kupfer	1083	205	2560	4650
Zink	420	105	910	1800
Zinn	232	59	2430	2600
Äthanol	−114	108	78	842
Azeton (Propanon)	−94	82	56	519
Benzol	5	127	80	394
Glycerin	18	178	290	852
Quecksilber	39	12	357	293
Tetrachlormethan	−23	18	77	193
Wasser	0	334	100	2256
Ammoniak	−75	453	−33	1369
Kohlendioxid	−56	190	−79	574
Kohlenmonoxid	−205		−191	216
Sauerstoff	−219	19	−183	214
Stickstoff	−210	25	−196	201
Wasserstoff	−259	59	−253	465

Tabelle 6.4 Heizwerte

Brennstoff	$H/\text{MJ kg}^{-1}$	Brennstoff	$H'/\text{MJ m}^{-3}$
Anthrazit	31	Äthan	64
Braunkohle	12	Ammoniak	14
Braunkohlenbriketts	20	Äthin (Acetylen)	57
Koks	28	Kohlenmonoxid	13
Steinkohle	30	Methan	36
Benzin/Dieselöl	42	Propan	94
Erdöl	41	Stadtgas	18
Methanol	20	Wasserstoff	11

Tabelle 6.5 Molare Masse, spezifische Wärmekapazitäten und Adiabatenexponent von Gasen bei 0 °C und 101,325 kPa

Stoff	$M/\text{kg kmol}^{-1}$	$c_p/\text{kJ kg}^{-1}\text{K}^{-1}$	$c_v/\text{kJ kg}^{-1}\text{K}^{-1}$	$\varkappa$
Ammoniak	17,03	2,05	1,56	1,32
Argon	39,95	0,52	0,32	1,66
Helium	4,003	5,24	3,16	1,67
Kohlendioxid	44,01	0,82	0,63	1,30
Kohlenmonoxid	28,01	1,04	0,74	1,40
Luft	(29,0)	1,00	0,72	1,40
Methan	16,04	2,15	1,63	1,32
Sauerstoff	32,00	0,92	0,65	1,40
Schwefeldioxid	64,00	0,61	0,48	1,27
Stickstoff	28,01	1,04	0,74	1,40
Wasserstoff	2,02	14,24	10,12	1,41

Tabelle 6.6 Luftfeuchte

$t/°C$	$f_{max}/\text{g m}^{-3}$	$t/°C$	$f_{max}/\text{g m}^{-3}$
−10	2,14	11	10,0
−9	2,33	12	10,7
−8	2,54	13	11,4
−7	2,76	14	12,1
−6	2,99	15	12,8
−5	3,24	16	13,6
−4	3,51	17	14,5
−3	3,81	18	15,4
−2	4,13	19	16,3
−1	4,47	20	17,3
0	4,84	21	18,3
1	5,2	22	19,4
2	5,6	23	20,6
3	6,0	24	21,8
4	6,4	25	23,0
5	6,8	26	24,4
6	7,3	27	25,8
7	7,8	28	27,2
8	8,3	29	28,7
9	8,8	30	30,3
10	9,4		

Tabelle 6.7 Wärmeleitfähigkeit

Metall	$\lambda/\text{W m}^{-1}\text{K}^{-1}$	Metall	$\lambda/\text{W m}^{-1}\text{K}^{-1}$
Aluminium	233	Platin	70
Blei	34	Silber	419
Eisen	70	Stahl	47
Kupfer	384	Zink	122
Messing	110	Zinn	67

7 Gleichstromkreis

7.1 Einfacher Stromkreis

7.1.1 Begriff

Der einfache Stromkreis besteht aus

- *Spannungsquelle:* Schaltelement zur Umwandlung von nichtelektrischer in elektrische Energie (Ladungstrennung)
(Beispiele: Galvanisches Element, Akkumulator, Generator).
- *Übertragungsleitung:* Energietransport in Form des elektrischen Stromes.
- *Verbraucher:* Schaltelement zur Umwandlung elektrischer in nichtelektrische Energie (Beispiele: Heizgerät, Motor). Im elektrischen Stromkreis wird Energie übertragen. In allen Teilen des Stromkreises entstehen Verluste an Nutzenergie durch Wärmeentwicklung. Die Verluste in der Übertragungsleitung können in vielen Fällen vernachlässigt werden (Annahme $R_L = 0$).

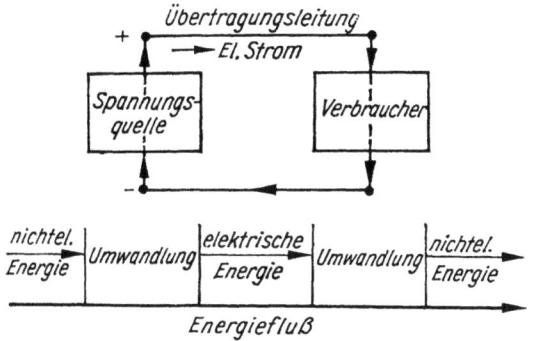

Bild 7.1   Bild 7.2

Elektrischer Strom (Modell)

ist ein geschlossener Kreislauf strömender Ladungsträger. Ladungsträger in Metallen: *Elektronen* (Elektronengas, negativ geladen); in Flüssigkeiten und Gasen: *Elektronen* und *Ionen* (positiv oder negativ geladen).

Stromrichtung

ist die Bewegungsrichtung positiver Ladungsträger.

7.1.2 Größen

Stromstärke I A (Ampere)

ist Basisgröße. Sie kennzeichnet die in vorgegebener Zeit durch den Leiterquerschnitt strömende Ladung.

Ladung (Elektrizitätsmenge)

ist eine Erhaltungsgröße. Innerhalb eines abgeschlossenen Systems kann sie weder verschwinden noch entstehen.

$$Q = I\,t \qquad\qquad \text{A s} = \text{C (Coulomb)}$$

Elementarladung (Naturkonstante)

ist die kleinste Ladung, die in der Natur auftritt

$$e = 1{,}602 \cdot 10^{-19}\,\text{C}$$

Ladung des Elektrons: $-e$; Ladung des Protons: $+e$

Elektrische Spannung

kennzeichnet den auf die Ladung bezogenen Energieumsatz (die elektrische Arbeit) zwischen zwei Punkten eines Stromkreises.

$$U = \frac{\Delta E}{Q} = \frac{W_{el}}{Q} \qquad\qquad \frac{\text{J}}{\text{C}} = \frac{\text{W}}{\text{A}} = \text{V (Volt)}$$

- *Urspannung* U_0 V

ist die Spannung, die an den Polen einer Spannungsquelle bei $I = 0$ gemessen wird. Die positive Richtung der Urspannung ist die Antriebsrichtung auf eine positive Ladung.

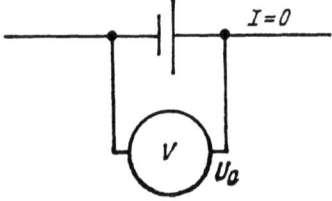

Bild 7.3

- *Spannungsabfall* U_{AB} V

ist die Spannung zwischen zwei Punkten (A und B) eines stromdurchflossenen Verbrauchers (Widerstands). Die positive Richtung des Spannungsabfalls ist die Richtung des Stromes.

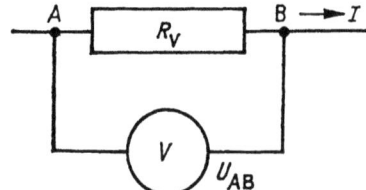

Bild 7.4

Potential

kennzeichnet den Energiezustand der Ladung an einem vorgegebenen Punkt. Bezugspunkt ist das (willkürlich festgelegte) Nullpotential, meist das Erdpotential.

$$\varphi = \frac{E}{Q} \qquad \text{V}$$

Potentialdifferenz

zwischen zwei Punkten ist gleich der Spannung zwischen diesen beiden Punkten.

$$\varphi_A - \varphi_B = U_{AB} \qquad \text{V}$$

Leitwert (Definition)

ist der Quotient aus Stromstärke und Spannung. Er kennzeichnet das Leitvermögen eines Schaltelements.

$$G = \frac{I}{U} \qquad \text{A V}^{-1} = \text{S (Siemens)}$$

Leitwert eines Drahtes (Bemessungsgleichung)

hängt von der Länge l und dem Querschnitt A des Drahtes ab.

$$G = \varkappa \frac{A}{l} \qquad \text{S}$$

Elektrische Leitfähigkeit (Stoffkonstante)

$$\varkappa \qquad \text{S m}^{-1}$$

Widerstand (Definition)

ist der Kehrwert des Leitwerts.

$$R = \frac{1}{G} = \frac{U}{I} \qquad \text{V A}^{-1} = \text{S}^{-1} = \Omega \text{ (Ohm)}$$

Für idealen *Leiter* gilt: $\quad R \rightarrow 0; \; G \rightarrow \infty$
Für idealen *Nichtleiter* gilt: $R \rightarrow \infty; \; G \rightarrow 0$

Widerstand eines Drahtes (Bemessungsgleichung)

$$R = \varrho \frac{l}{A} \qquad \Omega$$

Spezifischer Widerstand (Stoffkonstante)

$$\varrho = \frac{1}{\varkappa} \qquad \Omega \text{ m}$$

$\rightarrow Tab.\ 7.1$

7.2 Ohmsches Gesetz

Für viele Leiter, insbesondere metallische Leiter, ist der Widerstand konstant, d.h. unabhängig von Stromstärke und Spannung (Voraussetzung: konstante Temperatur).

$$R = \frac{U}{I} = \text{const} \qquad \Omega$$

Ohmscher Widerstand

ist ein Widerstand, für den das OHMsche Gesetz gilt. Die Strom-Spannungskennlinie ist eine Gerade, die um so steiler verläuft, je kleiner der Widerstand ist.

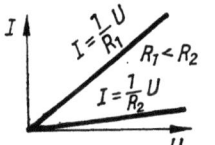

Bild 7.5

7.3 Elektrische Arbeit und Leistung

Elektrische Arbeit

kennzeichnet die an einem Widerstand umgesetzte Energie. Sie ist das Produkt aus Spannung, Stromstärke und Zeit.

$$W_{el} = \Delta E = U I t \qquad \text{J}$$

Elektrische Leistung

ist das Produkt aus Stromstärke und Spannung.

$$P = U I = R I^2 = \frac{U^2}{R} \qquad \text{W}$$

7.4 Spannungsabfall in der Spannungsquelle

Innerer Widerstand der Spannungsquelle

verursacht den zwischen den Klemmen der Spannungsquelle bei Stromfluß auftretenden Spannungsabfall U_i und den damit verbundenen Energieverlust in der Spannungsquelle.

$$R_i = \frac{U_i}{I} \qquad \Omega$$

Klemmenspannung im einfachen Stromkreis

ist um den inneren Spannungsabfall geringer als die Urspannung. Sie nimmt mit steigender Stromstärke ab.

$$U_k = U_0 - I R_i \qquad \text{V}$$

Stromstärke im einfachen Stromkreis

hängt bei gegebener Spannungsquelle nur vom äußeren Widerstand ab (wegen $U_0 = $ const und $R_i = $ const).

$$I = \frac{U_0}{R_a + R_i} \qquad \text{A}$$

Sonderfälle im einfachen Stromkreis

- *Leerlauf:* $R_a \to \infty$ $\quad I = 0$ $\quad\quad U_k = U_L = U_0$
- *Kurzschluß:* $R_a \to 0$ $\quad I_K = \dfrac{U_0}{R_i}$ $\quad U_k = 0$
- *Anpassung:* $R_a = R_i$ $\quad P_a = P_{a\,max}$

Bei Anpassung wird im äußeren Stromkreis die maximale Leistung umgesetzt.

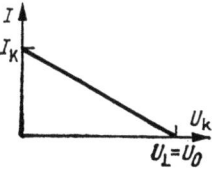

Bild 7.6

Beispiel 7.1

Aus Konstantandraht von 2,0 mm Durchmesser soll eine Spule mit einem Widerstand von 25 Ω gewickelt werden.

1. Welche Länge muß der Draht haben?
2. Welche Stromstärke wird gemessen, wenn die Spule an eine Spannung von 40 V angeschlossen wird?

1. $l = \dfrac{A R}{\varrho} = \dfrac{\pi d^2 R}{4 \varrho}$ $\quad\quad l = \dfrac{\pi \cdot 4 \text{ mm}^2 \cdot 25\, \Omega\, \text{m}}{4 \cdot 0{,}5\, \Omega\, \text{mm}^2} = 157\,\text{m}$

2. $I = \dfrac{U}{R}$ $\quad\quad I = \dfrac{40\,\text{V}}{25\,\Omega} = 1{,}6\,\text{A}$

Beispiel 7.2

In einer Destillieranlage sollen je Stunde 2,5 l Wasser von 15 °C verdampft werden.

1. Welche Leistung muß aufgebracht werden, wenn die Anlage mit einem Wirkungsgrad von 75 % arbeitet?
2. Welchen Widerstand muß die elektrische Heizung bei einer Spannung von 220 V haben?
3. Wie groß ist die Stromstärke im Heizwiderstand?

1. $P_{zu} = \dfrac{Q_{ab}}{\eta\, t} = \dfrac{(r + c\,\Delta T)\,\varrho\,V}{t\,\eta}$

$P_{zu} = \dfrac{\left(2256\,\dfrac{\text{kJ}}{\text{kg}} + 4{,}18 \cdot 85\,\dfrac{\text{kJ}}{\text{kg}}\right) \cdot 10^3\,\text{kg} \cdot 2{,}5 \cdot 10^{-3}\,\text{m}^3}{3600\,\text{s} \cdot 0{,}75\,\text{m}^3}$

$P_{zu} = 2{,}42\,\text{kW}$

2. $R = \dfrac{U^2}{P}$ $\quad\quad R = \dfrac{220^2\,\text{V}^2}{2{,}42 \cdot 10^3\,\text{V A}} = 20\,\Omega$

3. $I = \dfrac{U}{R}$ $\quad\quad I = \dfrac{220\,\text{V}}{20\,\Omega} = 11\,\text{A}$

☐ **Beispiel 7.3**

Welchen inneren Widerstand hat ein Akkumulator von 12 V Urspannung, wenn beim Anklemmen eines Widerstands von 1,5 Ω eine Stromstärke von 6,0 A gemessen wird?
2. Welche Klemmenspannung stellt sich ein?

1. $R_i = \dfrac{U_0}{I} - R_a$ $\qquad R_i = 0,5\ \Omega$

■ 2. $U_k = U_0 - I R_i$ $\qquad U_k = 9\ \text{V}$

7.5 Kirchhoffsche Gesetze

ermöglichen die Berechnung von Stromstärken, Spannungen, Widerständen in beliebig verzweigten Gleichstromkreisen. Man stellt für n gesuchte Größen n lineare Gleichungen auf.

1. Kirchhoffsches Gesetz, Knotenpunktsatz

In einem Knotenpunkt ist die Summe der Stromstärken der zufließenden Ströme gleich der Summe der Stromstärken der abfließenden Ströme.

$$\sum I_{zu} = \sum I_{ab} \qquad\qquad\qquad \text{A}$$

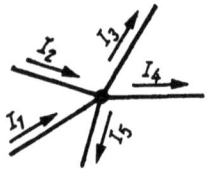

Bild 7.7

2. Kirchhoffsches Gesetz, Maschensatz

In einer Masche ist die Summe der Urspannungen gleich der Summe der Spannungsabfälle.

$$\sum_{\mu=1}^{m} U_{0\mu} = \sum_{\nu=1}^{n} U_\nu = \sum_{\nu=1}^{n} I_\nu R_\nu \qquad\qquad \text{V}$$

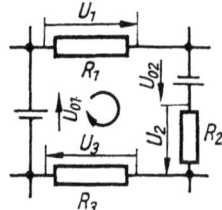

Bild 7.8

7.6 Reihen- und Parallelschaltung von Widerständen (Übersicht)

	Reihenschaltung	Parallelschaltung
Schaltbild		
Spannung	$U_{AB} = U_1 + U_2 + \cdots + U_n$ Gesamtspannung = Summe der Teilspannungen. *Spannungsteilerregel:* $U_\mu : U_\nu = R_\mu : R_\nu$ Die Teilspannungen sind proportional den entsprechenden Teilwiderständen.	$U_1 = U_2 = \cdots U_n = U_{AB}$ Der Spannungsabfall ist an allen Widerständen gleich.
Stromstärke	$I_1 = I_2 = \cdots = I_n = I$ Die Stromstärke ist in allen Widerständen gleich.	$I = I_1 + I_2 + \cdots + I_n$ Gesamtstromstärke = Summe der Teilstromstärken. *Stromteilerregel:* $I_\nu : I_\mu = R_\mu : R_\nu$ Die Teilstromstärken sind umgekehrt proportional den entsprechenden Teilwiderständen.
Widerstand	$R_{ers} = R_1 + R_2 + \cdots + R_n$ $R_{ers} > R_\nu$ Der Ersatzwiderstand ist die Summe der Teilwiderstände. Er ist größer als der größte Teilwiderstand.	$\frac{1}{R_{ers}} = \frac{1}{R_1} + \frac{1}{R_2} + \cdots + \frac{1}{R_n}$ $R_{ers} < R_\nu$ Der Kehrwert des Ersatzwiderstandes ist die Summe der Kehrwerte der Teilwiderstände. Der Ersatzwiderstand ist kleiner als der kleinste Teilwiderstand.

☐ **Beispiel 7.4**

Zwei Glühlampen (220 V, 100 W) werden 1. parallel, 2. in Reihe an eine Spannungsquelle von 220 V geschaltet. Berechnen Sie für beide Fälle den Gesamtwiderstand und die umgesetzte Leistung. Die Abhängigkeit des Widerstandes von der Temperatur des Glühfadens werde vernachlässigt.

$$R_{Gl} = \frac{U^2}{P_{Gl}} \qquad R_{Gl} = 484\ \Omega$$

$$R_R = 2\,R_{Gl} \qquad R_R = 968\ \Omega$$

$$R_P = \frac{1}{2} R_{Gl} \qquad R_P = 242\,\Omega$$

$$P_R = \frac{U^2}{R_R} \qquad P_R = 50\,\text{W}$$

$$P_P = 2\,P_{Gl} \qquad P_P = 200\,\text{W}$$

□ **Beispiel 7.5**

Bemessen Sie den Widerstand R_x in der Schaltung nach Bild 7.9 so, daß der Ersatzwiderstand 9 Ω beträgt. Die drei gleichen Widerstände R betragen jeweils 10 Ω.

$$R_{ers} = R \,\|\, (2R + R_x) = \frac{R(2R + R_x)}{R + 2R + R_x}$$

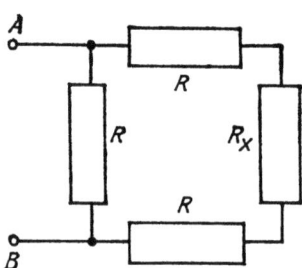

Bild 7.9

Daraus folgt für R_x:

$$R_x = \frac{R(2R - 3R_{ers})}{R_{ers} - R} \qquad R_x = 70\,\Omega$$

7.7 Anwendungen in der Meßtechnik

7.7.1 Messung von Stromstärke und Spannung

	Spannungsrichtig	Stromrichtig
Schaltbild		
Anzeige am Spannungsmesser	U	$U + U_{St} = U + I\,R_{St}$
Anzeige am Strommesser	$I + I_{Sp} = I + \dfrac{U}{R_{Sp}}$	I
Keine Korrektur, wenn	$R_{Sp} \gg R$	$R_{St} \ll R$

7.7.2 Meßbereichserweiterung von Spannungs- und Strommesser

(n-fache Erweiterung; R_1 Widerstand des Meßgeräts)

Gerät	Spannungsmesser	Strommesser
Schaltbild		
Es wird benötigt	Vorwiderstand R_V	Parallelwiderstand (Shunt) R_S
Es gilt die Gleichung	$R_V = (n-1)\,R_1$	$R_S = \dfrac{R_1}{n-1}$

□ **Beispiel 7.6**

Ein elektrisches Gerät, das 25 W Leistung aufnimmt und für eine Spannung von 110 V ausgelegt ist, soll mit einem Vorwiderstand an eine Spannung von 220 V angeschlossen werden. Es stehen 220-V-Glühlampen von 40 W, 60 W, 100 W, 200 W zur Verfügung. Welche ist als Vorwiderstand geeignet?

Am Vorwiderstand und am Gerät müssen je 110 V abfallen, d.h.

$$R_V = R_G \qquad R_G = \frac{U_G^2}{P_G} = \frac{110^2\,\text{V}^2}{25\,\text{VA}} = 484\,\Omega$$

$$P_L = \frac{U_L^2}{R_G} \qquad P_L = \frac{220^2\,\text{V}^2}{484\,\Omega} = 100\,\text{W}$$

□ **Beispiel 7.7**

Mit einem Strommesser, der einen Innenwiderstand von 3,00 Ω hat und bei Vollausschlag 10 mA anzeigt, sollen Spannungen bis 300 V gemessen werden. Welcher Vorwiderstand ist zu verwenden?

Spannungsabfall am Meßgerät bei Vollausschlag: $U_1 = I_1 R_i$
Aus $U = n\,U_1 = n\,I_1 R_i$ folgt $n = \dfrac{U}{I_1 R_i}$
Aus $R_V = (n-1)\,R_i$ folgt

$$R_V = \left(\frac{U}{I_1 R_i} - 1\right) R_i = \frac{U}{I_1} - R_i \qquad R_V = 30\,\text{k}\Omega$$

Tabelle 7.1 Spezifischer elektrischer Widerstand

Stoff	$\varrho/\Omega\,\text{mm}^2\,\text{m}^{-1}$	Stoff	$\varrho/\Omega\,\text{mm}^2\,\text{m}^{-1}$
Aluminium	0,0286	Quecksilber	0,96
Eisen	0,098	Silber	0,016
Konstantan	0,50	Zink	0,059
Kupfer	0,0178	Glas	$5 \cdot 10^{17}$*
Nickelin	0,43	Quarz	10^{21}*

8 Elektrisches und magnetisches Feld

8.1 Größen des elektrischen Feldes

8.1.1 Grundvorstellungen

Metallischer Leiter: frei bewegliche Elektronen im Kristallgitter (Elektronengas)

Ungeladener Zustand: Positive Ladungen der Gitterbausteine neutralisieren negative Ladungen der Elektronen.

Aufladung *negativ:* Elektronenüberschuß
positiv: Elektronenmangel

Kraftwirkungen: *Anziehung* zwischen ungleichartigen Ladungen
Abstoßung zwischen gleichartigen Ladungen

Elektrisches Feld: Raum, in dem auf einen elektrisch geladenen Körper (Probeladung) eine Kraft ausgeübt wird.

Probeladung: Körper mit so kleiner Ladung, daß diese das elektrische Feld nicht meßbar beeinflußt (Modell).

Homogenes Feld: Auf die Probeladung wirkt in allen Punkten des Feldes die gleiche Kraft F.

Modelldarstellung des elektrischen Feldes: Sie erfolgt durch *Feldlinien*. Die Tangente an die durch einen vorgegebenen Punkt laufende Feldlinie gibt die Kraftrichtung in diesem Punkt an. Ursprung und Ende elektrischer Feldlinien sind stets elektrische Ladungen.

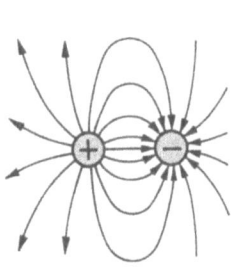

Bild 8.1

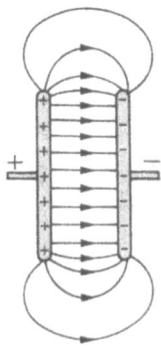

Bild 8.2

8.1.2 Coulombsches Gesetz

gibt die Kraft zwischen zwei Punktladungen an:

$$F = \frac{1}{4\pi\varepsilon_0} \frac{Q_1 Q_2}{r^2} \qquad \text{N}$$

Elektrische Feldkonstante $\qquad \varepsilon_0 = 8{,}8542 \cdot 10^{-12} \text{ A s V}^{-1} \text{ m}^{-1}$

◻ **Beispiel 8.1**

Wie groß müßte jede von zwei Punktladungen sein, die sich in einer Entfernung von 10 cm gegenüberstehen, wenn eine Anziehungskraft von 100 N zustande kommen soll?

■ $\qquad F = \frac{1}{4\pi\varepsilon_0} \frac{Q^2}{r^2} \rightarrow Q = 2r\sqrt{\pi\varepsilon_0 F} \qquad Q = 10{,}5\,\mu\text{C}$

8.1.3 Elektrische Feldstärke

kennzeichnet die Kraft, die in einem elektrischen Feld auf die Probeladung wirkt:

$$\mathbf{E} = \frac{\mathbf{F}}{Q'} \qquad \text{N C}^{-1} = \text{V m}^{-1}$$

Die Richtung der Feldstärke stimmt mit der Richtung der Kraft auf eine positive Probeladung überein.

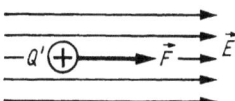

Bild 8.3

Elektrische Feldstärke im *homogenen Feld* (Betrag):

$$E = \frac{U}{d} \qquad \text{V m}^{-1}$$

Elektrische Feldstärke um *Punktladung* (Betrag):

$$E = \frac{Q}{4\pi\varepsilon_0 r^2} \qquad \text{V m}^{-1}$$

Potentialdifferenz (Spannung) im elektrischen Feld $\qquad \varphi_2 - \varphi_1 = U_{12} = \int_1^2 E_s \, ds \qquad \text{V}$

◻ **Beispiel 8.2**

Berechnen Sie die elektrische Feldstärke in 1,5 m Entfernung von einer Punktladung von 1,0 µC.

■ $\qquad E = \frac{Q}{4\pi\varepsilon_0 r^2} \qquad E = \frac{\text{A s} \cdot 10^{12} \text{ V m}}{10^6 \cdot 4\pi \cdot 8{,}854 \text{ A s} \cdot 2{,}25 \text{ m}^2}$

$$E = 4{,}0 \text{ kV m}^{-1}$$

8.1.4 Elektrische Verschiebung

kennzeichnet die Stärke der influenzierenden Wirkung des Feldes. Sie ist eine vektorielle Größenart:

$$\boldsymbol{D} = \frac{\mathrm{d}Q}{\mathrm{d}A}\boldsymbol{n} \qquad \text{C m}^{-2}$$

Ihr Betrag ist gleich der *Flächenladungsdichte* der influenzierten Ladung. Ihre Richtung ist gleich der Richtung der Normalen des Flächenelements auf der Seite der positiven Ladung.

Betrag der elektrischen Verschiebung im *homogenen Feld*
$$D = \frac{Q}{A} \qquad \text{C m}^{-2}$$

Elektrische Verschiebung im *Vakuum*
$$D = \varepsilon_0 E \qquad \text{C m}^{-2}$$

ist proportional und gleichgerichtet der elektrischen Feldstärke.

□ **Beispiel 8.3**

An den Platten eines Plattenkondensators (Plattenfläche 10 cm², Plattenabstand 10 mm) liegt eine Spannung von 1,2 kV. Berechnen Sie:
1. Feldstärke,
2. elektrische Verschiebung,
3. Ladung auf den Platten,
4. Anzahl der Überschußelektronen auf der negativ geladenen Platte.

1. $E = \dfrac{U}{d}$ $\qquad E = 120 \text{ kV m}^{-1}$

2. $D = \varepsilon_0 E$ $\qquad D = 1{,}06 \text{ μC m}^{-2}$

3. $Q = D A$ $\qquad Q = 1{,}06 \text{ nC}$

■ 4. $z = \dfrac{Q}{e}$ $\qquad z = 6{,}6 \cdot 10^9$

8.2 Kapazität und Kondensator

8.2.1 Definition der Kapazität

Die Kapazität kennzeichnet die auf die Spannung bezogene, in einer Leiteranordnung (Kondensator) gespeicherte Ladung:

$$C = \frac{Q}{U} \qquad \text{C V}^{-1} = \text{F (Farad)}$$

Kapazität des leeren Plattenkondensators
$$C = \varepsilon_0 \frac{A}{d} \qquad \text{F}$$

gilt für Plattenfläche A und Plattenabstand d.

8.2.2 Elektrische Feldenergie $E = \frac{1}{2} Q U = \frac{1}{2} C U^2$ J

ist die Energie, die im elektrischen Feld einer Leiteranordnung mit Kapazität gespeichert ist. Sie wird beim Abbau des Feldes in andere Energieform umgewandelt.

Elektronvolt $\qquad 1\,\text{eV} = 1{,}602 \cdot 10^{-19}\,\text{J}$

ist eine in der Atomphysik gebräuchliche SI-fremde *Einheit der Energie*. 1 eV ist die Energie, die ein mit der Elementarladung geladenes Teilchen aufnimmt, wenn es im elektrischen Feld die Potentialdifferenz 1 V durchläuft.

□ **Beispiel 8.4**

Welche Spannung muß an einen Kondensator mit der Kapazität 50 nF gelegt werden, wenn eine Energie von 1 mJ gespeichert werden soll?

■ $\quad E = \frac{1}{2} C U^2 \rightarrow U = \sqrt{\dfrac{2E}{C}} \qquad\qquad U = \sqrt{\dfrac{2\,\text{J} \cdot 10^9}{10^3 \cdot 50\,\text{F}}} = 200\,\text{V}$

8.2.3 Ersatzkapazitäten

	Reihenschaltung	Parallelschaltung
Schaltbild	C_1, C_2, C_3 in Reihe, jeder mit Ladung Q, Spannungen U_1, U_2, U_3 — Bild 8.4	C_1, C_2, C_3 parallel, Ladungen Q_1, Q_2, Q_3 — Bild 8.5
Gleichung	$\dfrac{1}{C_{\text{ers}}} = \dfrac{1}{C_1} + \dfrac{1}{C_2} + \cdots + \dfrac{1}{C_n}$	$C_{\text{ers}} = C_1 + C_2 + \cdots + C_n$
	Jeder Kondensator hat gleiche Ladung.	An jedem Kondensator liegt die gleiche Spannung.

□ **Beispiel 8.5**

Ein Kondensator der Kapazität $C_1 = 6\,\text{nF}$ liegt in Reihe mit einem Kondensator unbekannter Kapazität C_2. Parallel zu beiden Kondensatoren liegt ein Kondensator mit der Kapazität $C_3 = 2\,\text{nF}$. Es wird eine Ersatzkapazität $C = 4{,}4\,\text{nF}$ gemessen. Berechnen Sie die Kapazität des unbekannten Kondensators.

■ $\quad C = \dfrac{C_1 C_2}{C_1 + C_2} + C_3 \rightarrow C_2 = \dfrac{C_1(C - C_3)}{C_1 + C_3 - C} \qquad C_2 = 4\,\text{nF}$

8.2.4 Stoff im elektrischen Feld

Kapazität des stoffgefüllten Plattenkondensators $\quad C_\text{m} = \varepsilon_\text{r}\, \varepsilon_0\, \dfrac{A}{d} \qquad\qquad\qquad\qquad\qquad$ F

ist stets größer als die Kapazität des gleichen Kondensators ohne Dielektrikum.

Dielektrizitätszahl $\varepsilon_r = \dfrac{C_{\text{mit}}}{C_{\text{ohne}}}$ 1
(Stoffkonstante)
→ *Tab. 8.1*

kennzeichnet die Vergrößerung der Kondensatorkapazität durch Einbringen eines Dielektrikums.

Dielektrizitäts- $\varepsilon = \varepsilon_r \, \varepsilon_0$ $\quad$ A s V^{-1} m^{-1} = F m^{-1}
konstante

tritt in allen Gleichungen an die Stelle der elektrischen Feldkonstanten, wenn bei den betrachteten Vorgängen das Dielektrikum zu berücksichtigen ist.

☐ **Beispiel 8.6**

Ein Plattenkondensator hat einen Plattenabstand von 2 mm, der mit Bakelit gefüllt ist. Berechnen Sie die erforderliche Plattenfläche, wenn der Kondensator eine Kapazität von 10 pF haben soll.

■ $\qquad C = \varepsilon_r \, \varepsilon_0 \dfrac{A}{d} \rightarrow A = \dfrac{C\,d}{\varepsilon_r \, \varepsilon_0} \qquad A = 5{,}6 \text{ cm}^2$

☐ **Beispiel 8.7**

Ein Kondensator liegt an einer Spannung von 200 V. Er wird von der Spannungsquelle abgetrennt, und der Raum zwischen den Platten wird mit Silikonöl gefüllt. Wie ändern sich Ladung und Spannung?

Die Ladung ändert sich nicht: $Q_{\text{mit}} = Q_{\text{ohne}} = Q$
Durch die Vergrößerung der Kapazität sinkt die Spannung:

■ $\qquad U_{\text{mit}} = \dfrac{Q}{C_{\text{mit}}} = \dfrac{Q}{\varepsilon_r\, C_{\text{ohne}}} = \dfrac{U_{\text{ohne}}}{\varepsilon_r} \qquad U_{\text{mit}} = \dfrac{200\,\text{V}}{2{,}5} = 80\,\text{V}$

8.3 Größen des magnetischen Feldes

8.3.1 Grundlagen magnetischer Erscheinungen

Dauermagnete aus ferromagnetischen Stoffen sind stets magnetische *Dipole* (Nord- und Südpol).
Die Erde ist ein Dauermagnet. Magnetischer Südpol liegt in der Nähe des geografischen Nordpols, magnetischer Nordpol in der Nähe des geografischen Südpols.
Kraftwirkungen: *Anziehung* zwischen ungleichartigen Polen; *Abstoßung* zwischen gleichartigen Polen.
Eine stromdurchflossene *Spule* wirkt wie ein Magnet.
Magnetische Erscheinungen sind stets mit elektrischen gekoppelt bzw. auf sie zurückzuführen.

8.3.2 Magnetisches Feld

ist der Raum, in dem sich eine frei bewegliche Magnetnadel durch Einwirkung eines Drehmoments in eine bestimmte Richtung einstellt.
Modelldarstellung des magnetischen Feldes: Sie erfolgt durch *Feldlinien*. Die Tangente an die durch einen vorgegebenen Punkt laufende Feldlinie gibt die Kraftrichtung in diesem Punkt an. Magnetische Feldlinien sind stets geschlossene Linien. Die Feldrichtung ist die Richtung, in die der Nordpol einer Magnetnadel zeigt.

8.3.3 Magnetische Feldstärke

ist eine vektorielle Größenart, die die Kraft auf einen Magnetpol kennzeichnet. Magnetische Feldstärke im Innern einer stromdurchflossenen *Spule*:

Betrag $\quad H = \dfrac{N}{l} I$ $\hfill$ A m^{-1}

Feldstärkerichtung im Innern der Spule und Richtung des elektrischen Stromes bilden eine Rechtsschraube.

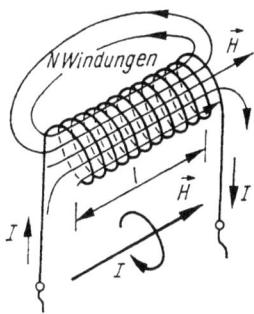

Bild 8.6

Magnetische Feldstärke um einen langen, geraden stromdurchflossenen *Leiter*:

Betrag $\quad H(r) = \dfrac{1}{2\pi r}$ $\hfill$ A m^{-1}

Die Feldlinien umgeben den Stromleiter in konzentrischen Kreisen. Stromrichtung und Umlaufsinn der Feldlinien bilden eine Rechtsschraube.

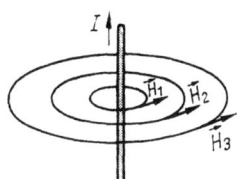

Bild 8.7

8.3.4 Magnetische Induktion (Flußdichte)

ist der magnetischen Feldstärke proportional; sie ist eine vektorielle Größe. Im *Vakuum* gilt:

magnetische Induktion	$B = \mu_0 H$	V s m^{-2} = T (Tesla)
Magnetische Feldkonstante	$\mu_0 = 4\pi \cdot 10^{-7}$ V s A^{-1} s^{-1}	
Magnetischer Fluß (allgemein)	$\Phi = \int B \, dA \cos(\boldsymbol{B}, \boldsymbol{n})$	V s = Wb (Weber)
im homogenen Feld	$\Phi = B_n A$	Wb

ist das Produkt aus Flußdichte (Induktion) und vom Fluß durchsetzter Fläche.

Lorentz-Kraft $\qquad F = Q' v B \sin(\boldsymbol{v}, \boldsymbol{B}) \qquad$ N

ist die im Magnetfeld der magnetischen Induktion B auf einen mit der Geschwindigkeit v bewegten Ladungsträger (Ladung Q') ausgeübte Kraft. Für die Kraftrichtung gilt die Rechtsschraubenregel.

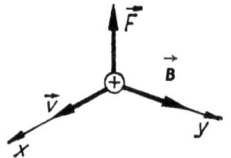

Bild 8.8

Kraft auf stromführenden Leiter $\qquad F = I\, l\, B \sin(\boldsymbol{l}, \boldsymbol{B}) \qquad$ N

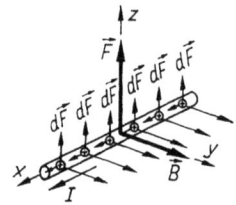

Bild 8.9

Beispiel 8.8

Berechnen Sie:
1. Feldstärke,
2. magnetische Induktion und
3. magnetischen Fluß

im Innern einer Spule von 8 cm Länge, 4 cm² Querschnittsfläche und 800 Windungen, die von einem Strom der Stärke 5,6 A durchflossen wird.

1. $H = \dfrac{N I}{l}$ $\qquad\qquad H = \dfrac{800 \cdot 5{,}6 \text{ A}}{0{,}08 \text{ m}} = 56 \text{ kA m}^{-1}$

2. $B = \mu_0 H$ $\qquad\qquad B = \dfrac{4\pi \text{ V s} \cdot 56 \cdot 10^3 \text{ A}}{10^7 \text{ A m m}} = 70{,}4 \cdot 10^{-3} \dfrac{\text{V s}}{\text{m}^2}$

$\qquad\qquad\qquad\qquad\qquad B = 70{,}4 \text{ mT}$

3. $\Phi = B A$ $\qquad\qquad \Phi = 70{,}4 \cdot 10^{-3} \dfrac{\text{V s}}{\text{m}^2} \cdot 4 \cdot 10^{-4} \text{ m}^2 = 28{,}2\, \mu\text{Wb}$

Beispiel 8.9

Elektronen mit der Geschwindigkeit $3 \cdot 10^7$ m s⁻¹ werden senkrecht zu den Feldlinien in ein Magnetfeld eingeschossen. Im Magnetfeld beschreiben sie einen Kreis von 15 cm Radius. Berechnen Sie die Flußdichte des Magnetfeldes.

$\dfrac{m v^2}{r} = e v B \rightarrow B = \dfrac{m v}{e r} \qquad\qquad B = \dfrac{9{,}1 \text{ kg} \cdot 3 \cdot 10^7 \text{ m} \cdot 10^{19}}{10^{31} \cdot 1{,}6 \text{ A s} \cdot 0{,}15 \text{ m}}$

$\qquad\qquad\qquad\qquad\qquad\qquad B = 1{,}14 \text{ mT}$

□ **Beispiel 8.10**

Berechnen Sie die Kraft auf einen 1,5 m langen Leiter, der in einem Magnetfeld der magnetischen Induktion 100 mT auf den Feldlinien senkrecht steht und von einem Strom der Stärke 10 A durchflossen wird.

■ $$F = I\,l\,B \qquad F = \frac{10\,\text{A} \cdot 1{,}5\,\text{m} \cdot 0{,}1\,\text{V\,s}}{\text{m}^2} = 1{,}5\,\frac{\text{N\,m}}{\text{m}} = 1{,}5\,\text{N}$$

8.4 Induktionsvorgänge

8.4.1 Induktionsgesetz

Bei zeitlicher Änderung des magnetischen Flusses Φ, der eine Spule mit N Windungen durchsetzt, wird in dieser eine *Urspannung* U_i induziert:

$$U_i = -N\,\frac{\text{d}\Phi}{\text{d}t} \qquad\qquad \text{V}$$

Die induzierte Spannung ist der zeitlichen Änderung des magnetischen Flusses proportional.

Elektrische $E = v\,B\,\sin(\boldsymbol{v},\boldsymbol{B})$ V m^{-1}
Feldstärke

wird in einem Leiter induziert, der sich mit der Geschwindigkeit v durch ein Magnetfeld der Flußdichte B bewegt. Ursache: Ladungsverschiebung durch LORENTZ-Kraft.

Induktionsspannung $U_i = l\,v\,B\,\sin(\boldsymbol{v},\boldsymbol{B})$ V
bei bewegtem Leiter

wird zwischen den Enden eines Leiters der Länge l induziert, der sich mit der Geschwindigkeit v durch ein Magnetfeld der Flußdichte B bewegt.

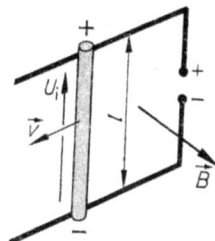

Bild 8.10

Lenzsche Regel: Die induzierten Spannungen (Ströme) sind stets so gerichtet, daß sie auf die Induktionsursache (Änderung des magnetischen Flusses) hemmend zurückwirken (Energieerhaltungssatz).

□ **Beispiel 8.11**

An den Enden eines Leiters von 0,8 m Länge, der mit einer Geschwindigkeit von 1,2 m s^{-1} senkrecht zur Richtung der Feldlinien durch ein Magnetfeld gezogen wird, entsteht eine Induktionsspannung von 42 mV. Berechnen Sie die magnetische Induktion.

■ $$B = \frac{U_i}{l\,v} \qquad\qquad B = 44\,\text{mT}$$

8.4.2 Selbstinduktion

Wird die Stromstärke eines Stromes, der durch eine Spule fließt, geändert, wird in dieser Spule eine Spannung induziert, die einen Gegenstrom hervorruft. Ein- und Abschaltvorgänge verlaufen mit Verzögerung (scheinbare „Trägheit" des Stromes).

Induktionsspannung bei Selbstinduktion $\quad U_i = -L\dfrac{dI}{dt} \quad$ V

Induktivität einer leeren Spule $\quad L = \mu_0 N^2 \dfrac{A}{l} \quad$ V s A^{-1} = H (Henry)

hängt ab von ihrer Windungszahl N, Querschnittsfläche A und Länge l.

□ **Beispiel 8.12**

In welcher Zeit sinkt die Stromstärke in einer Spule (Induktivität 1,5 H) von 3,2 A auf Null, wenn beim Abschalten des Stromes an den Enden der Spule eine Spannung von 240 V entsteht?

■ $\quad \Delta t = \dfrac{L\,\Delta I}{U} \quad\quad \Delta t = \dfrac{1{,}5\,\text{V s} \cdot 3{,}2\,\text{A}}{\text{A} \cdot 240\,\text{V}} = 2 \cdot 10^{-4}\,\text{s} = 20\,\text{ms}$

8.4.3 Magnetische Feldenergie

ist die Energie, die im Magnetfeld einer Leiteranordnung mit Induktivität gespeichert ist. Sie wird beim Abbau des Feldes in andere Energieform umgewandelt:

$$E = \frac{1}{2} L I^2$$

□ **Beispiel 8.13**

Berechnen Sie die magnetische Energie in einer Spule (Induktivität 2,5 H), die von einem Strom der Stärke 1,2 A durchflossen wird.

■ $\quad E = \dfrac{1}{2} L I^2 \quad\quad E = \dfrac{2{,}5\,\text{V s} \cdot 1{,}44\,\text{A}^2}{2\,\text{A}} = 1{,}8\,\text{J}$

8.4.4 Stoff im Magnetfeld

Permeabilitätszahl $\quad \mu_r = \dfrac{L_\text{mit}}{L_\text{ohne}} \quad$ 1

kennzeichnet die Veränderung der Induktivität beim Einbringen eines Stoffs in die Leiteranordnung (Spule).

Permeabilität $\quad \mu = \mu_r \mu_0 \quad$ V s A^{-1} m^{-1} = H m^{-1}

tritt in allen Gleichungen an die Stelle der magnetischen Feldkonstanten, wenn bei den betrachteten Vorgängen der Einfluß des Stoffes zu berücksichtigen ist. Insbesondere gilt

Magnetische Flußdichte $\quad B = \mu_r \mu_0 H \quad$ T

im stofferfüllten Feld

Magnetisches Verhalten der Stoffe

diamagnetisch	paramagnetisch	ferromagnetisch
$\mu_r < 1$	$\mu_r > 1$	$\mu_r \gg 1$
Schwächung von B (Cu, Ag, Au)	geringe Verstärkung von B (Al, Luft)	sehr hohe Verstärkung von B (Fe, Co, Ni)

Hysteresis

Permeabilitätszahl der Ferromagnetika ist von Feldstärke und magnetischer Vorgeschichte des Stoffs abhängig. B,H-Diagramm ergibt *Hysteresisschleife*.

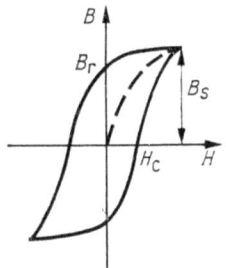

B_r Remanenz
H_C Koerzitivfeldstärke

Bild 8.11

8.5 Magnetischer Kreis

läßt sich in formaler Analogie zum elektrischen Stromkreis behandeln:

Elektrischer Stromkreis	Magnetischer Kreis

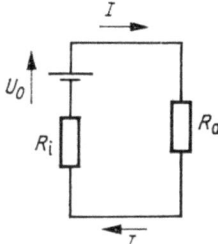

Bild 8.12

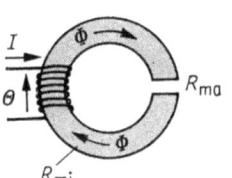

Bild 8.13

Die elektrische Urspannung U_0 verursacht die Stromstärke I. Dem Strom wird in einem Leiter der Länge l, des Querschnitts A und der elektrischen Leitfähigkeit $\varkappa$ der Widerstand
$R = \dfrac{1}{\varkappa} \dfrac{l}{A}$ entgegengesetzt.
Für hintereinandergeschaltete Widerstände gilt $R_{ers} = \sum\limits_{\nu} R_\nu$.
Die Stromstärke errechnet sich aus
$I = \dfrac{U}{R_{ers}}$.
$U = IR$ ist der Spannungsabfall.

Die magnetische Urspannung $\Theta = NI$ verursacht den magnetischen Fluß Φ. Dem Fluß wird in einem Abschnitt der Länge l, des Querschnitts A und der Permeabilität μ der magnetische Widerstand $R_m = \dfrac{1}{\mu} \dfrac{l}{A}$ entgegengesetzt.
Für hintereinanderliegende Feldabschnitte gilt $R_{m\,ers} = \sum\limits_{\nu} R_{m\nu}$.
Der Fluß des Kreises errechnet sich aus $\Phi = \dfrac{\Theta}{R_{m\,ers}}$.
$V = \Phi R_m = Hl$ ist der magnetische Spannungsabfall.

Beispiel 8.14

Der im Bild 8.13 dargestellte magnetische Kreis besteht aus einem Torus mit dem mittleren Durchmesser 20 cm. Der kreisförmige Eisenquerschnitt beträgt 12 cm², der Luftspalt 2 mm. In den 60 Drahtwindungen fließt ein Strom der Stärke 7,5 A. Die Permeabilitätszahl ist unter diesen Bedingungen 1250. Berechnen Sie:

1. die magnetische Urspannung,
2. den magnetischen Widerstand des Eisenkerns,
3. den magnetischen Widerstand des Luftspalts,
4. den magnetischen Fluß,
5. die magnetische Induktion,
6. die magnetische Feldstärke im Eisen,
7. die magnetische Feldstärke im Luftspalt,
8. die magnetischen Spannungsabfälle in Eisen und Luft.

1. $\Theta = I N$ $\qquad \Theta = 7{,}5 \text{ A} \cdot 60 = 450 \text{ A}$

2. $R_{\text{mi}} = \dfrac{1}{\mu_r \mu_0} \dfrac{l_1}{A} = \dfrac{1}{\mu_r \mu_0} \dfrac{\pi d}{A}$

$R_{\text{mi}} = \dfrac{10^7 \text{ A m } \pi \cdot 0{,}2 \text{ m}}{4\pi \text{ V s} \cdot 1250 \cdot 12 \text{ cm}^2} = 0{,}33 \cdot 10^6 \dfrac{\text{A}}{\text{V s}} = 0{,}33 \dfrac{\text{MA}}{\text{Wb}}$

3. $R_{\text{ma}} = \dfrac{l_2}{\mu_0 A}$ $\qquad R_{\text{ma}} = \dfrac{2 \text{ mm} \cdot 10^7 \text{ A m}}{4\pi \cdot \text{V s} \cdot 12 \text{ cm}^2} = 1{,}33 \dfrac{\text{MA}}{\text{Wb}}$

4. $\Phi = \dfrac{\Theta}{R_{\text{mi}} + R_{\text{ma}}}$ $\qquad \Phi = \dfrac{450 \text{ A} \cdot \text{Wb}}{1{,}66 \text{ MA}} = 271 \text{ }\mu\text{Wb}$

5. $B = \dfrac{\Phi}{A}$ $\qquad B = \dfrac{271 \cdot 10^{-6} \text{ Wb}}{12 \cdot 10^{-4} \text{ m}^2} = 0{,}226 \text{ T}$

6. $H_{\text{E}} = \dfrac{B}{\mu_r \mu_0}$ $\qquad H_{\text{E}} = \dfrac{0{,}226 \text{ T} \cdot \text{A m} \cdot 10^7}{1250 \cdot 4\pi \text{ V s}} = 144 \text{ A m}^{-1}$

7. $H_{\text{L}} = \dfrac{B}{\mu_0}$ $\qquad H_{\text{L}} = \dfrac{0{,}226 \text{ T} \cdot 10^7 \text{ A m}}{4\pi \text{ V s}} = 180 \text{ kA m}^{-1}$

8. $V_{\text{i}} = \Phi R_{\text{mi}}$ $\qquad V_{\text{i}} = 271 \text{ }\mu\text{Wb} \cdot 0{,}33 \dfrac{\text{MA}}{\text{Wb}} = 90 \text{ A}$

$V_{\text{a}} = \Phi R_{\text{ma}}$ $\qquad V_{\text{a}} = 271 \text{ }\mu\text{Wb} \cdot 1{,}33 \dfrac{\text{MA}}{\text{Wb}} = 360 \text{ A}$

Die Summe aus innerem und äußerem magnetischen Spannungsabfall ist gleich der magnetischen Urspannung.

8.6 Analogie zwischen Größen und Einheiten des elektrischen und magnetischen Feldes

Elektrisches Feld			Magnetisches Feld		
Ladung	$Q = It$	$\text{A s} = \text{C}$	Magnetischer Fluß	Φ	$\text{V s} = \text{Wb}$
Elektrische Feldstärke im Plattenkondensator	$E = \dfrac{U}{d}$	$\dfrac{\text{V}}{\text{m}}$	Magnetische Feldstärke in einer langen Spule	$H = \dfrac{NI}{l}$	$\dfrac{\text{A}}{\text{m}}$
Elektrische Verschiebung	$D = \dfrac{Q}{A}$ $D = \varepsilon_0 \varepsilon_r E$	$\dfrac{\text{C}}{\text{m}^2}$	Magnetische Flußdichte (Induktion)	$B = \dfrac{\Phi}{A}$ $B = \mu_0 \mu_r H$	$\dfrac{\text{Wb}}{\text{m}^2} = \text{T}$
Elektrische Feldkonstante	ε_0	$\dfrac{\text{A s}}{\text{V m}} = \dfrac{\text{F}}{\text{m}}$	Magnetische Feldkonstante	μ_0	$\dfrac{\text{V s}}{\text{A m}} = \dfrac{\text{H}}{\text{m}}$
Dielektrizitätskonstante	$\varepsilon = \varepsilon_0 \varepsilon_r$	$\dfrac{\text{A s}}{\text{V m}} = \dfrac{\text{F}}{\text{m}}$	Permeabilität	$\mu = \mu_0 \mu_r$	$\dfrac{\text{V s}}{\text{A m}} = \dfrac{\text{H}}{\text{m}}$
Dielektrizitätszahl	$\varepsilon_r = \dfrac{C_{\text{mit}}}{C_{\text{ohne}}}$	1	Permeabilitätszahl	$\mu_r = \dfrac{L_{\text{mit}}}{L_{\text{ohne}}}$	1
Kapazität, allgemein	$C = \dfrac{Q}{U}$	$\dfrac{\text{A s}}{\text{V}} = \text{F}$	Induktivität, allgemein	$L = \dfrac{U_i}{\dfrac{dI}{dt}}$	$\dfrac{\text{V s}}{\text{A}} = \text{H}$
Kapazität des leeren Plattenkondensators	$C = \varepsilon_0 \dfrac{A}{d}$		Induktivität der langen Spule ohne Eisenkern	$L = \mu_0 N^2 \dfrac{A}{l}$	
Elektrische Feldenergie	$E = \dfrac{1}{2} C U^2$	$\text{W s} = \text{J}$	Magnetische Feldenergie	$E = \dfrac{1}{2} L I^2$	$\text{W s} = \text{J}$
Elektrische Urspannung	U_0	V	Magnetische Urspannung	Θ	A

Tabelle 8.1 Dielektrizitätszahl

Stoff	ε_r	Stoff	ε_r
Azeton (Propanon)	21,5	Papier (trocken)	2,1*
Bakelit	4*	Pertinax	4,5*
Condensa C	85	Quarz	4,2*
Glimmer	7*	Quarzglas	4,0*
Hartgummi	3,0*	Silikonöl	2,5*
Luft (101,325 kPa, 0 °C)	1,000592	Transformatorenöl	2,4*
Marmor	11*	Wasser	80,8

9 Leitungsvorgänge in Gasen und Flüssigkeiten

9.1 Grundlagen des Leitungsmechanismus

9.1.1 Trägerstrom

Strömende stoffliche Träger (z.B. Ionen) oder Elektronen bewirken Ladungstransport in Gasen, Flüssigkeiten und Festkörpern.

9.1.2 Elektrische Leitfähigkeit

$$\varkappa = \eta_+ \, u_+ + \eta_- \, u_- \qquad \text{S m}^{-1}$$

9.1.3 Trägerbeweglichkeit

kennzeichnet die Geschwindigkeit der Träger, die sich bei gegebener elektrischer Feldstärke einstellt:

$$u = \frac{v}{E} \qquad \text{m}^2 \, \text{s}^{-1} \, \text{V}^{-1}$$

9.1.4 Räumliche Ladungsdichte

ist die auf das Volumen bezogene Ladung:

$$\eta = \frac{dQ}{dV} \qquad \text{C m}^{-3}$$

9.2 Elektronenstrom durch das Vakuum

9.2.1 Freie Elektronen

können durch Energieaufwand aus der Oberfläche von Metallen herausgelöst werden:
Wärme   bewirkt *Glühemission*
Licht   bewirkt *Fotoeffekt*
Elektrische Feldenergie   bewirkt *Feldeffekt*

9.2.2 Austrittsarbeit

ist die zum Herauslösen eines Elektrons notwendige Energie.
($W_A \approx 1 \cdots 6 \, \text{eV}$)

9.2.3 Elektronenstrahlen (Katodenstrahlen)

sind schnell bewegte freie Elektronen. Sie entstehen im Hochvakuum ($p < 10^{-4}$ Pa), wenn die Elektronen im elektrischen Feld stark beschleunigt werden. Ablenkung durch elektrische und magnetische Felder.

Energie der Elektronen $\quad \frac{1}{2} m v^2 = e U \quad\quad$ J, eV

□ **Beispiel 9.1**

Elektronen durchlaufen im elektrischen Feld eine Spannung von 20 kV. Berechnen Sie:
1. die Energie der Elektronen,
2. die Geschwindigkeit der Elektronen.

1. $E = e U \quad\quad E = 20$ keV $(= 20 \cdot 10^3 \cdot 1{,}6 \cdot 10^{-19}$ J $= 3{,}2$ fJ$)$

2. $\frac{1}{2} m v^2 = e U \rightarrow v = \sqrt{\frac{2 e U}{m}}$

■ $\quad v = \sqrt{\dfrac{2 \cdot 1{,}6 \cdot 10^{-19} \text{As} \cdot 2 \cdot 10^4 \text{V}}{9{,}1 \cdot 10^{-31} \text{kg}}} = 10^8 \sqrt{\dfrac{6{,}4}{9{,}1}} \dfrac{\text{m}}{\text{s}} = 0{,}84 \cdot 10^8$ m s^{-1}

9.2.4 Anwendungen

Elektronenröhre, RÖNTGEN-Röhre, Elektronenmikroskop, Elektronenstrahloszillograf, Vakuumschmelzofen, Fernsehbildröhre

9.3 Stromleitung in Gasen

9.3.1 Unselbständige Gasentladung

entsteht unter der Einwirkung eines elektrischen Feldes, wenn die Moleküle des vom Feld durchsetzten Gases (Luft) durch *äußere Einwirkung* (Wärme, RÖNTGEN-Strahlen, radioaktive Strahlen) ionisiert werden.

9.3.2 Selbständige Gasentladung

entsteht unter der Einwirkung eines elektrischen Feldes, wenn die Moleküle des vom Feld durchsetzten Gases durch *Stoßionisation* (Aufprall von schnell bewegten Elektronen und Ionen) ionisiert werden. Voraussetzung: hohe Trägergeschwindigkeit, zur Ionisation ausreichende kinetische Energie. Durch Kettenreaktion erfolgt schnelle Zunahme der Ladungsdichte und dadurch Abnahme des elektrischen Widerstandes der Entladungsstrecke. Begrenzung der Stromstärke durch Schutzwiderstand notwendig.

9.3.3 Anwendungen

Lichtbogen, Funkenentladung (bei normalem Luftdruck), Glimmentladung, Leuchtstofflampe, Neonröhre, Ionisationskammer, Strahlenschutzdosimeter.

9.4 Stromleitung in Flüssigkeiten

9.4.1 Elektrolyte

sind wäßrige Lösungen von Säuren, Basen, Salzen. Ein Elektrolyt ist in positive und negative Ionen aufgespalten (dissoziiert). Unter Einwirkung eines elektrischen Feldes wandern die positiven Ionen zur Katode, die negativen zur Anode. Neutralisation an den Elektroden führt zu Stoffabscheidung.

9.4.2 1. Faradaysches Gesetz

Die Stoffmenge n des an einer Elektrode abgeschiedenen Stoffes ist der transportierten Ladung Q proportional.

9.4.3 2. Faradaysches Gesetz

gibt die für die Abscheidung der Stoffmenge n benötigte Ladung Q an. (z Ionenwertigkeit, F FARADAY-Konstante).

$$Q = zFn \qquad \text{C}$$

Faraday-Konstante $\qquad F = 9{,}6485 \cdot 10^4 \text{ C mol}^{-1}$

9.4.4 Anwendungen

Korrosionsschutz metallischer Oberflächen, Gewinnung reiner Metalle (z. B. Elektrolytkupfer)

□ **Beispiel 9.2**

In welcher Zeit können bei einer Stromstärke von 84 A 100 g Kupfer aus Kupfersulfatlösung abgeschieden werden?

$$Q = zFn; \quad Q = It; \quad n = \frac{m}{M} \rightarrow It = zF\frac{m}{M} \rightarrow t = \frac{zFm}{IM}$$

$$z = 2; \quad M = 159{,}6 \text{ g mol}^{-1}; \quad t = \frac{2 \cdot 9{,}65 \cdot 10^4 \text{ As} \cdot 100 \text{ g} \cdot \text{mol}}{84 \text{ A} \cdot \text{mol} \cdot 159{,}6 \text{ g}}$$

$$t = 1440 \text{ s} = 24 \text{ min}$$

■

10 Schwingungen

10.1 Kinematik der Sinusschwingung

10.1.1 Grundbegriffe

Schwingung heißt ein Vorgang, bei dem sich eine physikalische Größe zeitlich *periodisch* ändert.

Sinusschwingung (harmonische Schwingung): Die Änderung der physikalischen Größe verläuft nach der Gleichung

$$y = y_m \sin(\omega t + \varphi)$$

10.1.2 Größen zur Beschreibung einer Schwingung

Elongation y m

Momentanwert der zeitabhängigen Variablen, bei mechanischer Schwingung die Entfernung des schwingenden Körpers vom Punkt O.

Amplitude, Maximalwert, Scheitelwert y_m m

ist der größte Momentanwert (die größte Elongation).

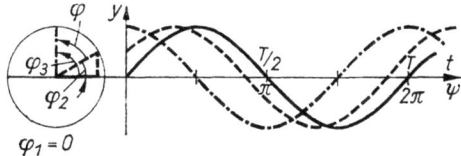

Bild 10.1

Effektivwert einer Sinusgröße y $y_{\text{eff}} = \dfrac{y_m}{\sqrt{2}}$

Frequenz $f = \dfrac{z}{\Delta t}$ $\text{s}^{-1} = \text{Hz}$

ist der Quotient aus der Anzahl der Perioden und der dafür benötigten Zeit.

Kreisfrequenz $\omega = 2\pi f$ s^{-1}

Periodendauer $T = \dfrac{1}{f}$ s

ist die für den Ablauf einer Periode erforderliche Zeit.

Phasenwinkel $\quad \psi = \omega t + \varphi$ $\hfill$ rad = 1

kennzeichnet den Schwingungszustand.

Nullphasenwinkel $\quad \varphi$ $\hfill$ rad

ist der Phasenwinkel zum Zeitpunkt $t = 0$.

Phasenverschiebung $\quad \varphi = \psi_2 - \psi_1 = \varphi_2 - \varphi_1$

ist die Differenz der Phasenwinkel zweier Schwingungen gleicher Frequenz.

Geschwindigkeit
bei mechanischer Sinusschwingung
$\quad v = \dfrac{\mathrm{d}y}{\mathrm{d}t} = \omega\, y_\mathrm{m} \cos(\omega t + \varphi)$ $\hfill$ m s^{-1}

Maximalwert der Geschwindigkeit
(Geschwindigkeitsamplitude)
$\quad v_\mathrm{m} = \omega\, y_\mathrm{m}$ $\hfill$ m s^{-1}

Beschleunigung
bei mechanischer Sinusschwingung
$\quad a = \dfrac{\mathrm{d}v}{\mathrm{d}t} = -\omega^2\, y_\mathrm{m} \sin(\omega t + \varphi)$ $\hfill$ m s^{-2}

Maximalwert der Beschleunigung
(Beschleunigungsamplitude)
$\quad a_\mathrm{m} = \omega^2\, y_\mathrm{m}$ $\hfill$ m s^{-2}

□ **Beispiel 10.1**

Ein Körper führt eine Sinusschwingung aus mit einer Amplitude von 75 mm. Für 50 Perioden wird eine Zeit von 51 s gemessen. Berechnen Sie:
1. Periodendauer,
2. Kreisfrequenz,
3. Maximalgeschwindigkeit,
4. Maximalbeschleunigung.

1. $T = \dfrac{\Delta t}{z}$ $\qquad\qquad T = \dfrac{51 \text{ s}}{50} = 1{,}02$ s

2. $\omega = \dfrac{2\pi}{T}$ $\qquad\qquad \omega = 6{,}16 \text{ s}^{-1}$

3. $v_\mathrm{m} = \omega\, y_\mathrm{m}$ $\qquad\qquad v_\mathrm{m} = \dfrac{6{,}16 \cdot 75 \text{ mm}}{\text{s}} = 0{,}462 \text{ m s}^{-1}$

■ 4. $a_\mathrm{m} = \omega^2\, y_\mathrm{m}$ $\qquad\qquad a_\mathrm{m} = \dfrac{6{,}16^2 \cdot 75 \text{ mm}}{\text{s}^2} = 2{,}85 \text{ m s}^{-2}$

□ **Beispiel 10.2**

Der Körper aus Beispiel 10.1 durchläuft die Nullage zum Zeitpunkt Null in positiver Richtung. Welche Elongation hat er
1. nach 0,6 s,
2. nach 30 s?
3. Wieviel volle Perioden wurden im letzten Fall gezählt?

1. $y_1 = y_m \sin\left(\frac{2\pi z t_1}{\Delta t}\right)$; $\quad y = 75 \text{ mm} \cdot \sin\left(\frac{2\pi \cdot 50 \cdot 0{,}6 \text{ s}}{51 \text{ s}}\right)$

$$y = 75 \text{ mm} \cdot \sin\left(\frac{360° \cdot 50 \cdot 0{,}6}{51}\right)$$

$$y = 75 \text{ mm} \cdot \sin 211{,}8° = -39{,}5 \text{ mm}$$

2. $y_2 = y_m \sin\left(\frac{2\pi z t_2}{\Delta t}\right)$;

$$y_2 = 75 \text{ mm} \cdot \sin\left(\frac{2\pi \cdot 50 \cdot 30 \text{ s}}{51 \text{ s}}\right) = 75 \text{ mm} \cdot \sin 2\pi (29 + 0{,}412)$$

$$y_2 = 75 \text{ mm} \cdot \sin 2\pi \cdot 0{,}412 = 75 \text{ mm} \cdot \sin 148{,}3° = 39{,}4 \text{ mm}$$

3. 29 Perioden sind abgelaufen.

10.1.3 Darstellung einer Schwingung durch Zeigerdiagramm

Amplitude y_m $\triangleq$ Zeigerlänge

Nullphasenwinkel φ $\triangleq$ Zeigerrichtung zur Zeit $t = 0$

Kreisfrequenz ω $\triangleq$ Winkelgeschwindigkeit des Zeigers

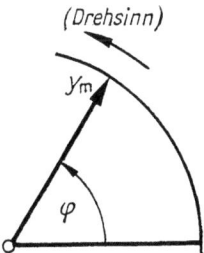

Bild 10.2

10.1.4 Überlagerung von Sinusschwingungen gleicher Richtung

Gleiche Frequenz: Es entsteht eine resultierende Sinusschwingung derselben Frequenz; $y_{res} = y_1 + y_2$. Ermittlung der resultierenden Amplitude (als Zeiger) sowie des resultierenden Nullphasenwinkels mit Hilfe eines Zeigerdiagramms möglich.

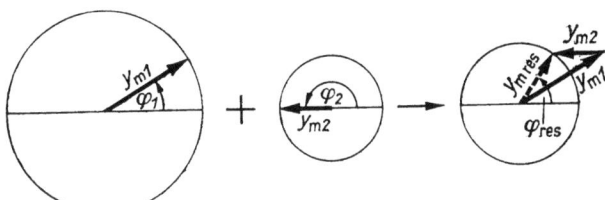

Bild 10.3

Ungleiche Frequenz: Es entsteht eine nichtsinusförmige Schwingung. Ermittlung von Resultierenden aus dem Zeigerdiagramm nicht möglich.

Beliebige periodische Vorgänge lassen sich als Überlagerung von Sinusschwingungen darstellen.

Schwebungen entstehen bei sehr kleinem Frequenzunterschied der überlagerten Schwingungen: $\omega_1 \approx \omega_2$.

10.2 Dynamik der Sinusschwingung

10.2.1 Lineares Kraftgesetz

ist Voraussetzung für mechanische Sinusschwingung

Lineare Schwingung	$F = F(t) = -k\,y(t)$		N
Drehschwingung	$M = M(t) = -k'\,\varepsilon(t)$		N m
Richtgröße	$k = m\,\omega^2$		N m^{-1}
Winkelrichtgröße	$k' = J_A\,\omega^2$		N m rad^{-1}

10.2.2 Eigenschwingung

führt ein schwingungsfähiges System nach einmaligem Anstoß aus.

Eigenfrequenz der mechanischen Sinusschwingung

$$f = \frac{1}{2\pi}\sqrt{\frac{k}{m}} \qquad \text{Hz}$$

$$f = \frac{1}{2\pi}\sqrt{\frac{k'}{J_A}} \qquad \text{Hz}$$

10.2.3 Energie der mechanischen Sinusschwingung

Lineare Schwingung	$E = \dfrac{1}{2}\,k\,y_m^2$	J
Drehschwingung	$E = \dfrac{1}{2}\,k'\,\varepsilon_m^2$	J

Die von außen einem schwingungsfähigen System zugeführte Schwingungsenergie bleibt erhalten, sofern der Vorgang reibungsfrei verläuft. Es findet periodische Umwandlung von potentieller in kinetische Energie statt (Energieerhaltungssatz der Mechanik).

10.2.4 Gedämpfte Schwingung

Unter dem Einfluß einer geschwindigkeitsproportional angenommenen Reibungskraft $F_R = -r\,v$ ist der

Momentanwert einer gedämpften Schwingung	$y = y_n \sin(\omega t + \varphi)$	m

Darin sind $y_n = y_0\,e^{-\delta t}$ die mit der Zeit abklingende Amplitude, $\delta = \dfrac{r}{2m}$ die Abklingkonstante, $\omega < \omega_0$ die Kreisfrequenz, ω_0 die Kreisfrequenz der zugehörigen ungedämpften Eigenschwingung.

10.2.5 Erzwungene Schwingung

führt ein schwingungsfähiges System (*Resonator*; Eigenfrequenz f_0) unter Einwirkung einer sinusförmigen Kraft $F = F_m \sin \omega t$ (*Oszillator* oder *Erreger*; Frequenz f) aus. Die Resonatoramplitude hängt von der Oszillatoramplitude und vom Frequenzverhältnis $f : f_0$ sowie von der Dämpfung des Resonators ab. Zwischen den Schwingungen von Oszillator und Resonator besteht frequenzabhängige Phasenverschiebung.

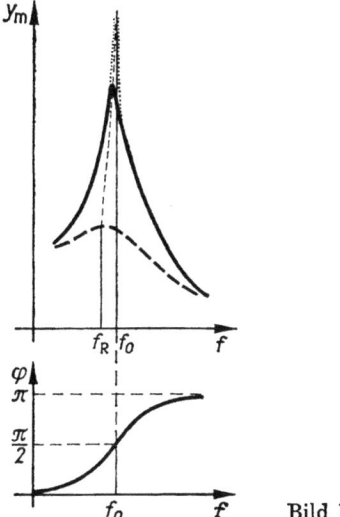

Bild 10.4

Resonanzfall: Maximum der Resonatoramplitude bei der Resonanzfrequenz $f_R \approx f_0$.

10.2.6 Beispiele für mechanische Schwingungen

Feder-Masse-Schwinger

$$f = \frac{1}{2\pi} \sqrt{\frac{k}{m}} \qquad \text{Hz}$$

Torsionsschwinger

$$f = \frac{1}{2\pi} \sqrt{\frac{k'}{J_A}} \qquad \text{Hz}$$

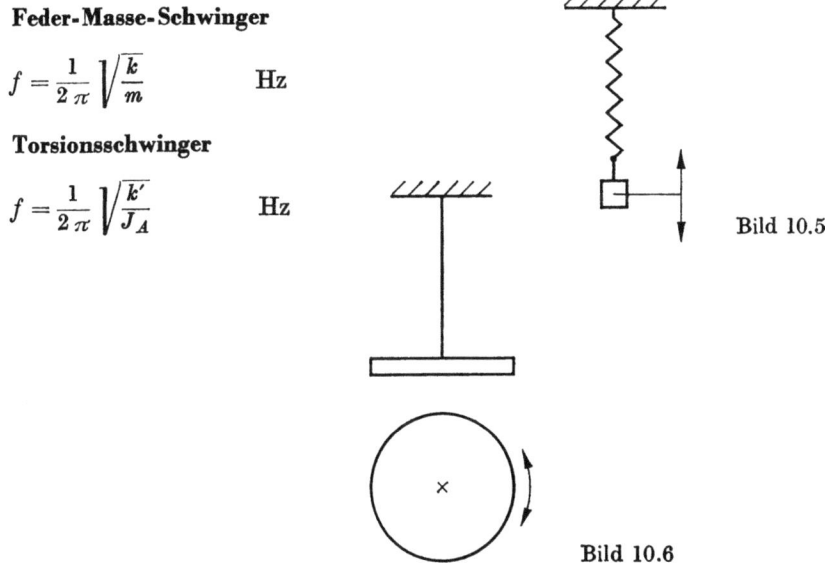

Bild 10.5

Bild 10.6

Physisches Pendel
für kleine Drehwinkel

$$f = \frac{1}{2\pi}\sqrt{\frac{m\,g\,s}{J_A}} \qquad \text{Hz}$$

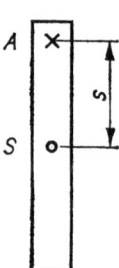

Bild 10.7

Fadenpendel
für kleine Amplitude

$$f = \frac{1}{2\pi}\sqrt{\frac{g}{l}} \qquad \text{Hz}$$

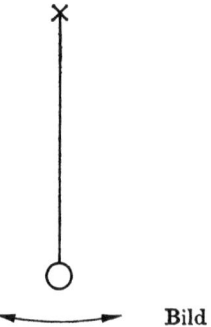

Bild 10.8

□ **Beispiel 10.3**

Eine Schraubenfeder wird mit einem Körper der Masse 375 g belastet und dabei um 48 mm gedehnt. Ein anderer Körper (Masse 500 g) wird an die Feder gehängt und führt eine Schwingung aus mit einer Amplitude von 30 mm. Berechnen Sie:
1. die Eigenfrequenz,
2. die Schwingungsenergie.

1. $f = \frac{1}{2\pi}\sqrt{\frac{k}{m}}$

Die Federkonstante folgt aus der Gleichung für die statische Belastung der Feder: $k = \frac{m_{st}\,g}{\Delta s}$

$$f = \frac{1}{2\pi}\sqrt{\frac{m_{st}\,g}{\Delta s\,m}} \qquad f = \frac{1}{2\pi}\sqrt{\frac{375\text{ g} \cdot 9{,}81\text{ m}}{48\text{ mm} \cdot 500\text{ g} \cdot \text{s}^2}} = 1{,}97\text{ Hz}$$

2. $E = \frac{1}{2} k\,y_m^2 = \frac{m_{st}\,g\,y_m^2}{2\,\Delta s}$

$$E = \frac{0{,}375\text{ kg} \cdot 9{,}81\text{ m} \cdot 900\text{ mm}^2}{2 \cdot 48\text{ mm s}^2} = 34{,}5\text{ mJ}$$

■

☐ **Beispiel 10.4**

Ein unregelmäßig geformter Körper der Masse 4,25 kg ist um eine Achse A drehbar gelagert, die im Abstand von 48 mm parallel zu einer durch den Schwerpunkt gehenden Achse S verläuft. Er wird in Schwingungen versetzt und führt in 60 s 70 Perioden aus. Berechnen Sie die Massenträgheitsmomente bezüglich der beiden Achsen.

$$J_A = \frac{m\,g\,s\,t^2}{4\,\pi^2 z^2} \qquad J_A = \frac{4{,}25\text{ kg} \cdot 9{,}81\text{ m} \cdot 48\text{ mm} \cdot 3600\text{ s}^2}{4\,\pi^2\text{ s}^2 \cdot 4900}$$

$$J_A = 0{,}0372 \text{ kg m}^2$$

$$J_S = J_A - m\,s^2 \qquad J_S = 0{,}0372 \text{ kg m}^2 - \frac{4{,}25\text{ kg} \cdot 48^2\text{ m}^2}{10^6}$$

■ $\qquad J_S = (0{,}0372 - 0{,}0098)\text{ kg m}^2 = 0{,}0274\text{ kg m}^2$

10.3 Elektrische Eigenschwingung

10.3.1 Schwingungsfähiges System (Schwingkreis)

ist ein Stromkreis, bestehend aus Kondensator (Kapazität C), Spule (Induktivität L) und ohmschem Widerstand R.

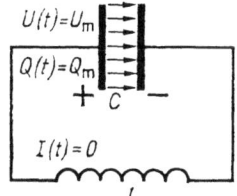

Bild 10.9

10.3.2 Eigenfrequenz

des elektrischen Schwingkreises $\qquad f = \dfrac{1}{2\,\pi}\dfrac{1}{\sqrt{L\,C}} \qquad$ Hz

10.3.3 Analoge Größen

Mechanische Größe		Elektrische Größe	
Elongation	$y = y(t)$	Ladung des Kondensators	$q = Q(t)$
Geschwindigkeit	$v = \dfrac{dy}{dt}$	Stromstärke	$i = \dfrac{dq}{dt}$
Masse	m	Induktivität	L
Richtgröße	k	Kehrwert der Kapazität	C^{-1}
Betrag der rücktreibenden Kraft	$F = k\,y$	Spannung am Kondensator	$u = \dfrac{q}{C}$
Kinetische Energie	$E_k = \dfrac{1}{2} m\,v^2$	Magnetische Energie	$E_m = \dfrac{1}{2} L\,i^2$
Potentielle Energie	$E_p = \dfrac{1}{2} k\,y^2$	Elektrische Energie	$E_c = \dfrac{1}{2} \dfrac{q^2}{C}$

10.3.4 Analoge Gleichungen

Mechanische Schwingung		Elektrische Schwingung
$f = \dfrac{1}{2\pi}\sqrt{\dfrac{k}{m}}$	Frequenz der Eigenschwingung	$f = \dfrac{1}{2\pi}\sqrt{\dfrac{1}{LC}}$
$T = 2\pi\sqrt{\dfrac{m}{k}}$	Periodendauer der Eigenschwingung	$T = 2\pi\sqrt{LC}$
$y = y_m \sin(\omega t + \varphi)$	Elongation bzw. elektrische Ladung bei ungedämpfter Schwingung	$q = Q_m \sin(\omega t + \varphi)$
$y = y_0 \, e^{-\delta t} \sin(\omega t + \varphi)$	Elongation bzw. Ladung bei gedämpfter Schwingung	$q = Q_0 \, e^{-\delta t} \sin(\omega t + \varphi)$
$\delta = \dfrac{r}{2m}$	Abklingkonstante	$\delta = \dfrac{R}{2L}$

10.4 Wechselstrom

10.4.1 Definition des Wechselstroms

Wechselstrom ist eine erzwungene Schwingung in einem System (Stromkreis, Netz) unter Einfluß eines Oszillators (Generator) mit sinusförmiger Urspannung.

Technischer Wechselstrom:
Frequenz $\quad f = 50$ Hz;
Kreisfrequenz $\omega = 2\pi f = 100\,\pi\ \text{s}^{-1}$.

10.4.2 Größen und Gleichungen des Wechselstromkreises

Wechselspannung $\quad u = U_m \sin(\omega t + \varphi_u)$ $\hfill$ V

Wechselstromstärke $\quad i = I_m \sin(\omega t + \varphi_i)$ $\hfill$ A

Momentanwerte $\quad$ Spannung u $\quad$ Stromstärke i

Scheitelwerte $\quad$ Spannung U_m $\quad$ Stromstärke I_m

Effektivwerte $\quad$ Spannung $U = \dfrac{U_m}{\sqrt{2}}$ $\quad$ Stromstärke $I = \dfrac{I_m}{\sqrt{2}}$

10.4.3 Widerstand im Wechselstromkreis

Scheinwiderstand $\quad Z = \dfrac{U}{I}$

ist der Gesamtwiderstand im Wechselstromkreis.

Wirkwiderstand $\quad R = \dfrac{U_R}{I_R}$

ist der ohmsche Widerstand im Wechselstromkreis.

Kapazitiver Widerstand $$X_C = \frac{U_C}{I_C} = \frac{1}{\omega C}$$

ist der Blindwiderstand eines idealen Kondensators im Wechselstromkreis.

Induktiver Widerstand $$X_L = \frac{U_L}{I_L} = \omega L$$

ist der Blindwiderstand einer idealen Spule im Wechselstromkreis.

□ **Beispiel 10.5**

Welchen Blindwiderstand haben die Kondensatoren der Kapazität 100 pF, 0,5 µF und 100 µF bei Wechselstrom der Frequenz 50 Hz?

$$X_C = \frac{1}{\omega C} \qquad X_{C1} = \frac{s \cdot 10^{12} \, V}{100\,\pi \cdot 100 \, A\,s} = 31{,}8 \, M\Omega$$

■ $X_{C2} = 6{,}37 \, k\Omega; \quad X_{C3} = 31{,}8 \, \Omega$

□ **Beispiel 10.6**

Welchen Blindwiderstand haben die Spulen der Induktivität 100 mH und 5 H bei Wechselstrom der Frequenz 50 Hz?

$$X_L = \omega L \qquad X_{L1} = \frac{100\,\pi \cdot 100 \, V\,s}{s \cdot 10^3 \, A} = 31{,}4 \, \Omega$$

■ $X_{L2} = 1{,}57 \, k\Omega$

□ **Beispiel 10.7**

Welche Kapazität muß ein Kondensator haben, damit er
1. bei 50 Hz und
2. bei 800 kHz einen Blindwiderstand von 15 Ω hat?

$$C = \frac{1}{2\pi f X_C} \qquad C_1 = \frac{s\,A}{100\,\pi \cdot 15 \, V} = 212 \, \mu F$$

■ $C_2 = 13{,}3 \, nF$

□ **Beispiel 10.8**

Welche Induktivität muß eine Spule mit vernachlässigbar kleinem Wirkwiderstand haben, damit sie
1. bei 50 Hz und
2. bei 800 kHz einen Blindwiderstand von 15 Ω hat?

$$L = \frac{X_L}{2\pi f} \qquad L_1 = \frac{15 \, V \cdot s}{A \cdot 100\,\pi} = 47{,}7 \, mH$$

■ $L_2 = 3 \, \mu H$

10.4.4 Leitwert im Wechselstromkreis

Scheinleitwert $\qquad Y = \dfrac{1}{Z} \qquad\qquad\qquad\qquad\qquad\qquad$ S

| **Kapazitiver Blindleitwert** | $B_C = \dfrac{1}{X_C} = \omega C$ | S |

| **Induktiver Blindleitwert** | $B_L = \dfrac{1}{X_L} = \dfrac{1}{\omega L}$ | S |

10.4.5 Phasenverschiebung im Wechselstromkreis

allgemein $\qquad\qquad \varphi = \varphi_i - \varphi_u$ $\qquad\qquad\qquad$ rad, °

mit ohmschem $\qquad \varphi = 0$
Widerstand R

Stromstärke und Spannung sind in Phase.

mit kapazitivem $\qquad \varphi = +\dfrac{\pi}{2}$
Widerstand X_C

Stromstärke eilt Spannung um $\pi/2$ voraus.

mit induktivem $\qquad \varphi = -\dfrac{\pi}{2}$
Widerstand X_L

Stromstärke eilt Spannung um $\pi/2$ nach.

10.4.6 Leistung im Wechselstromkreis

Wirkleistung $\qquad P = U I \cos \varphi = I^2 R$ $\qquad\qquad$ W

erfaßt den Teil der elektrischen Arbeit, der in Wärmeenergie oder in mechanische Arbeit umgewandelt werden kann. Sie wird ausschließlich durch den Wirkwiderstand bestimmt.

Blindleistung $\qquad Q = U I \sin \varphi$ $\qquad\qquad$ W (= var)

kennzeichnet den Teil der elektrischen Arbeit, der im Blindwiderstand zum Aufbau des elektrischen bzw. magnetischen Feldes erforderlich ist. Der zeitliche Mittelwert der Blindleistung ist Null.

Scheinleistung $\qquad S = U I$ $\qquad\qquad$ W (= V A)

ist das formal gebildete Produkt der Effektivwerte von Spannung und Stromstärke. Die Scheinleistung setzt sich geometrisch aus Wirk- und Blindleistung zusammen.

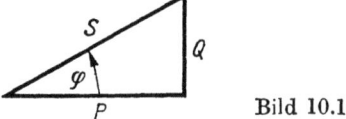

Bild 10.10

Leistungsfaktor $\qquad \cos \varphi = \dfrac{P}{S}$ $\qquad\qquad$ 1

ist das Verhältnis der Wirkleistung zur Scheinleistung.

10.4.7 Reihenschaltung von Wirk- und Blindwiderständen

Spannungen sowie Widerstände sind geometrisch zu addieren.

Scheinwiderstand $\qquad Z = \sqrt{R^2 + (X_L - X_C)^2}$

Phasenverschiebung $\varphi \qquad \tan \varphi = \dfrac{X_L - X_C}{R}$

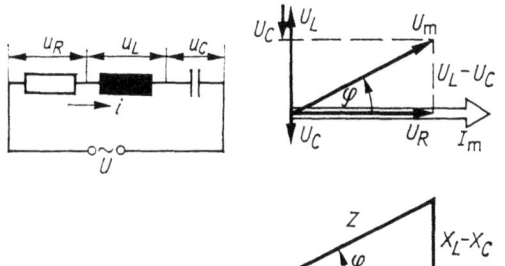

Bild 10.11

□ **Beispiel 10.9**

Eine Spule, als Reihenschaltung von Wirkwiderstand und induktivem Blindwiderstand aufgefaßt, nimmt bei Anschluß an 24 V Gleichspannung einen Strom der Stromstärke 686 mA, bei 110 V Wechselspannung 1,33 A auf. Berechnen Sie

1. Wirkwiderstand,
2. Scheinwiderstand,
3. Blindwiderstand,
4. Induktivität,
5. Phasenverschiebung,
6. Wirkleistung und
7. Blindleistung.

1. $R = \dfrac{U_-}{I_-} \qquad\qquad R = \dfrac{24\text{ V}}{0{,}686\text{ A}} = 35\ \Omega$

2. $Z = \dfrac{U_\sim}{I_\sim} \qquad\qquad Z = \dfrac{110\text{ V}}{1{,}33\text{ A}} = 82{,}7\ \Omega$

3. $X_L = \sqrt{Z^2 - R^2} \qquad X_L = 74{,}9\ \Omega$

4. $L = \dfrac{X_L}{2\pi f} \qquad\qquad L = \dfrac{74{,}9\text{ V s}}{2\pi\cdot\text{A}\cdot 50} = 239\text{ mH}$

5. $\cos\varphi = \dfrac{R}{Z} \rightarrow \varphi = \arccos\dfrac{R}{Z}; \quad \varphi = \arccos\dfrac{35}{82{,}7} = 65° = 1{,}13\text{ rad}$

6. $P = I_\sim^2\, R \qquad\qquad P = 1{,}33^2\text{ A}^2\cdot 35\ \Omega = 61{,}9\text{ W}$

■ 7. $Q = I_\sim^2\, X_L \qquad\qquad Q = 1{,}33^2\text{ A}^2\cdot 74{,}9\ \Omega = 132{,}5\text{ W} = 132{,}5\text{ var}$

◻ **Beispiel 10.10**

Berechnen Sie für eine Reihenschaltung von Wirkwiderstand (3 kΩ) und Kondensator (500 nF) bei einer Wechselspannung von 220 V/50 Hz
1. Blindwiderstand,
2. Scheinwiderstand,
3. Leistungsfaktor,
4. Phasenverschiebung und
5. die Teilspannungen am Widerstand und am Kondensator.

1. $X_C = \dfrac{1}{2\pi f C}$ $X_C = 6{,}37 \text{ k}\Omega$

2. $Z = \sqrt{R^2 + X_C^2}$ $Z = 7{,}04 \text{ k}\Omega$

3. $\cos\varphi = \dfrac{R}{Z}$ $\cos\varphi = 0{,}426$

4. $\varphi = \arccos\dfrac{R}{Z}$ $\varphi = -64{,}8° = -1{,}13 \text{ rad}$

(negatives Vorzeichen, da kapazitive Belastung)

5. $\dfrac{U_R}{U} = \cos\varphi = \dfrac{R}{Z} \rightarrow U_R = \dfrac{UR}{Z}$ $U_R = 93{,}8 \text{ V}$

■ $\dfrac{U_C}{U} = \sin\varphi = \dfrac{X_C}{Z} \rightarrow U_C = \dfrac{U X_C}{Z}$ $U_C = 199 \text{ V}$

10.4.8 Parallelschaltung von Wirk- und Blindwiderständen

Stromstärken sowie Leitwerte sind geometrisch zu addieren.

Scheinleitwert $Y = \sqrt{G^2 + (B_C - B_L)^2}$

Phasenverschiebung φ $\tan\varphi = \dfrac{B_C - B_L}{G}$

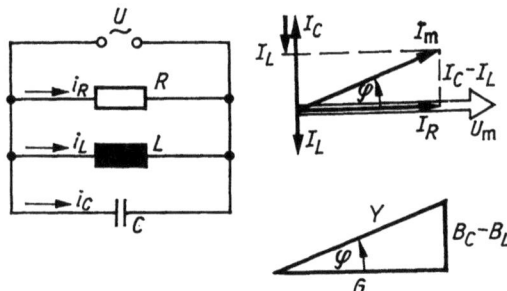

Bild 10.12

10.5 Drehstrom

10.5.1 Drehstrom (Dreiphasenwechselstrom)

System von drei Wechselströmen, die gegeneinander um 120° phasenverschoben sind.

10.5.2 Größen und Symbole

Außenleiter(effektiv)werte: Spannung U; Stromstärke I

Strang(effektiv)werte: Spannung U_{Strang}; Stromstärke I_{Strang}

10.5.3 Zusammenhang zwischen Leiter- und Strangwerten

Größe	Dreieckschaltung ($\triangle$)	Sternschaltung (λ)
Spannung	$U = U_{\text{Strang}}$	$U = \sqrt{3}\, U_{\text{Strang}}$
Stromstärke	$I = \sqrt{3}\, I_{\text{Strang}}$	$I = I_{\text{Strang}}$

10.5.4 Wirkleistung

bei symmetrischer Belastung $P = \sqrt{3}\, U I \cos \varphi$ W

11 Wellen

11.1 Allgemeine Eigenschaften und Verhalten der Wellen

11.1.1 Grundlagen

Welle: Ausbreitung der Störung eines Gleichgewichtszustandes. Der Energiezufuhr am Ursprung (Quelle, Sender) entsprechend ändert sich der Energiezustand im Raum. Die für die Welle charakteristische Größe ist orts- und zeitabhängig.

Mechanische Welle: Elongation von Teilchen, die um eine Nullage schwingen, ist charakteristische Größe.

Veranschaulichung einer Welle im Raum erfolgt durch
- *Wellenflächen (-fronten)*: Gesamtheit aller Punkte mit gleichem Schwingungszustand
- *Wellennormalen*: Senkrechte zu den Wellenflächen

Wellenarten:
- *Transversalwelle*: charakteristische physikalische Größe schwingt senkrecht zur Ausbreitungsrichtung.
- *Longitudinalwelle*: charakteristische physikalische Größe schwingt in der Ausbreitungsrichtung.

Lineare Sinuswelle:
Ausbreitung längs einer Geraden (x-Richtung)

$$y = y(t, x) = y_m \sin \omega \left(t - \frac{x}{c}\right)$$

$$= y_m \sin 2\pi \left(ft - \frac{x}{\lambda}\right)$$

Wellenlänge λ m

ist der Abstand zwischen zwei Nachbarpunkten gleicher Phase.

Ausbreitungsgeschwindigkeit $c = \lambda f$ m s^{-1}

Gangunterschied $\Delta s = s_2 - s_1 = \dfrac{\varphi \lambda}{2\pi}$ m

Unterschied im Weg zweier gleichphasig abgestrahlter Wellen hat Phasenverschiebung am Empfangsort zur Folge.

11.1.2 Polarisation

Nur bei Transversalwellen möglich. Die Änderung der für die Welle charakteristischen physikalischen Größe erfolgt nur in *einer* Ebene.

11.1.3 Überlagerung von Wellen

Von mehreren Quellen ausgehende Wellen überlagern sich ungestört. Bei kohärenten Wellen führt die am jeweiligen Empfangsort auftretende Phasenverschiebung

$$\varphi = (\omega/c)\, \Delta s$$

zu *Interferenzerscheinungen*. Dabei gilt bei gleichphasig abgestrahlten Wellen:

Maximale Verstärkung $\quad \Delta s = n\, \lambda$

Maximale Schwächung $\quad \Delta s = (2n + 1)\, \lambda/2 \qquad n = 0, 1, 2, \ldots$

11.1.4 Huygenssches Prinzip

Jeder Punkt des von einer Wellenfront erfaßten Mediums ist Ausgangspunkt einer neuen Kugelwelle, einer „Elementarwelle".

11.1.5 Fermatsches Prinzip

Unter allen bei der Energieübertragung durch eine Welle möglichen Wegen beschreibt ein Strahl stets den Weg, der die geringste Zeit erfordert.

11.1.6 Auftreffen einer Welle auf die Grenzfläche

zwischen zwei Medien mit unterschiedlicher Ausbreitungsgeschwindigkeit: Es erfolgen *Reflexion* und *Brechung* (siehe 12.2 und 12.4).

11.1.7 Beugung

Trifft eine Welle auf einen Spalt oder ein Hindernis in der Größenordnung der Wellenlänge, weicht ein Teil der Energie der Welle von der geradlinigen Ausbreitungsrichtung ab.

11.1.8 Absorption

Beim Durchgang durch ein Medium wird Energie der Welle, abhängig von Art und Dicke des Mediums, absorbiert, d.h. in eine andere Energieart umgewandelt.

11.2 Wellenfeldgrößen

dienen der Beschreibung der Eigenschaften des Wellenfeldes. Es sind

Strahlungsenergie $\qquad W \qquad\qquad\qquad\qquad\qquad\qquad$ J

und

Strahlungsleistung $\qquad \Phi = \dfrac{dW}{dt} \qquad\qquad\qquad\qquad$ W
oder Strahlungsfluß

Energie und Leistung der Quelle einer Welle.

Strahlstärke $I = \dfrac{d\Phi}{d\Omega}$ W sr^{-1}

ist der Quotient von Strahlungsleistung und Raumwinkel.

Raumwinkel $\Omega = \dfrac{A}{r^2}$ $\dfrac{m^2}{m^2} = sr = 1$

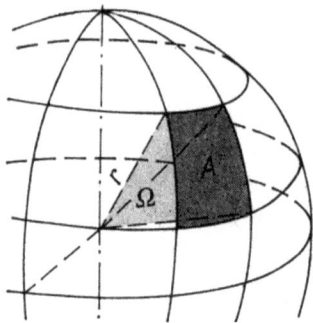

Bild 11.1

ist der Quotient aus einem Teil einer Kugeloberfläche und dem Quadrat des Radius dieser Kugel. Er ist dem ebenen Winkel entsprechend definiert.

Strahldichte $L = \dfrac{dI}{dA_Q}$ W m^{-2} sr^{-1}

heißt der Quotient aus Strahlstärke und scheinbarer Fläche der Quelle (Fläche aus der Sicht des Empfängers).

Für einen *Ort im Wellenfeld* gelten zwei weitere Größen:

Energiedichte $w = \dfrac{dW}{dV}$ J m^{-3}

ist der Quotient aus Energie und Volumen.

Bestrahlungsstärke $E = \dfrac{d\Phi}{dA_E}$ W m^{-2}

ist der Quotient aus Strahlungsleistung und scheinbarer Empfängerfläche.

Für Bestrahlungsstärke und Energiedichte gilt mit der Ausbreitungsgeschwindigkeit c der Welle

$$E = w\,c$$

Bei Ausbreitung einer *Kugelwelle* nimmt die Energiedichte mit zunehmendem Abstand r von der Quelle ab. Es gilt

Abstandsgesetz bei Kugelwelle $w_1 : w_2 = r_2^2 : r_1^2$

11.3 Schall

11.3.1 Schallausbreitung

Schallwellen: Mechanische *Longitudinalwellen*, die sich in gasförmigen, flüssigen und festen Körpern ausbreiten.

Schallgeschwindigkeit: Ausbreitungsgeschwindigkeit einer Schallwelle, hängt ab von der Dichte und damit auch von der Temperatur sowie von den elastischen Eigenschaften des Mediums.

$\rightarrow$ *Tab. 11.1*

Schallgeschwindig- $c_{\text{L}/\text{m s}^{-1}} = 331{,}6 + 0{,}6\, t/°\text{C}$
keit in Luft

11.3.2 Schallfeldgrößen

Schallausschlag $y = y_{\text{m}} \sin \omega t$ m

ist die Elongation eines in einer Schallwelle schwingenden Teilchens.

Schallschnelle $v = v_{\text{m}} \cos \omega t$ m s^{-1}

heißt die Geschwindigkeit eines Teilchens im Schallfeld.

Schalldruck $p = p_{\text{m}} \cos \omega t$ Pa

kennzeichnet den im Schallfeld ausgeübten periodisch wechselnden Druck, der bei Schallausbreitung in Luft dem Luftdruck überlagert ist.

Schalldruck- $p_{\text{m}} = \varrho\, c\, \omega\, y_{\text{m}}$ Pa
amplitude

Schallstärke, $J = \dfrac{\Phi}{A} = \varrho\, c\, v_{\text{eff}}^2 = \dfrac{p_{\text{eff}}^2}{\varrho\, c}$ W m^{-2}
Schallintensität

heißt die Bestrahlungsstärke im Schallfeld. Die Schallstärke kennzeichnet die auf die Empfängerfläche bezogene Strahlungsleistung einer Schallwelle.

11.3.3 Hörvermögen des Menschen

Unterscheidung der Schallwellen nach Frequenzen:

- *Infraschall:* $f < 16$ Hz
- *Hörschall:*   16 Hz $< f < 16$ kHz
- *Ultraschall:*   16 kHz $< f$

Begrenzung des Hörvermögens

- nach der *Frequenz* (16 Hz $\cdots$ 16 kHz)
- nach der empfangenen *Schallstärke* (gilt für $f = 1000$ Hz):

Hörschwelle (untere Grenze) $J_0 = 10^{-12}$ W m^{-2} $\triangleq p_0 = 2 \cdot 10^{-5}$ Pa
Schmerzgrenze (obere Grenze) $J_{\text{max}} \approx 1$ W m^{-2}; $p_{\text{max}} \approx 20$ Pa

Gesetz von Weber und Fechner: Die Stärke der Empfindung eines Reizes wächst wie der Logarithmus der physikalisch gemessenen Stärke dieses Reizes.

11.3.4 Schallpegelmaße

Schallintensitäts- $L/\text{dB} = 10 \lg \dfrac{J}{J_0}$ (dB = 1; Dezibel)
pegel

ist der zehnfache Betrag des Logarithmus vom Verhältnis einer Schallstärke J zur Schallstärke J_0 an der Hörschwelle.

$\rightarrow$ *Tab. 11.2*

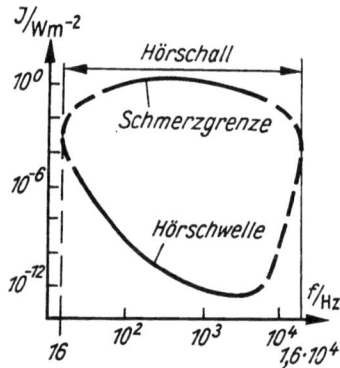

Bild 11.2

Schalldruckpegel $\quad L/\text{dB} = 20 \lg \dfrac{p}{p_0}$

ist der zwanzigfache Betrag des Logarithmus vom Verhältnis eines Schalldrucks p zum Schalldruck p_0 an der Hörschwelle.

Schallpegel: Bezeichnung für Schallintensitätspegel und Schalldruckpegel, die wegen $J \sim p^2$ einander gleich sind.

Gesamter Schallpegel $\quad L_{\text{ges}} = L + 10 \lg n \quad\quad\quad\quad\quad\quad$ dB
bei n Quellen mit
gleichem Schallpegel L

□ **Beispiel 11.1**

Wenn eine Sprachverständigung noch möglich sein soll, darf der Schallpegel an einem Arbeitsplatz 85 dB nicht überschreiten.
1. Berechnen Sie für diesen Schallpegel die Schallintensität am Arbeitsplatz sowie die Effektivwerte von Schalldruck und Schallschnelle.
2. Welcher maximale Schallausschlag würde sich bei 1000 Hz ergeben? Die Raumtemperatur sei 20 °C und der Luftdruck 100 kPa.

1. $L/\text{dB} = 10 \lg \dfrac{J}{J_0} \rightarrow J = J_0 \cdot 10^{\left(\frac{L}{10\,\text{dB}}\right)}$

$J = 10^{-12}\,\dfrac{\text{W}}{\text{m}^2} \cdot 10^{8,5} = 3,16 \cdot 10^{-4}\,\dfrac{\text{W}}{\text{m}^2} = 316\,\mu\text{W m}^{-2}$

$p = p_0 \cdot 10^{\left(\frac{L}{20\,\text{dB}}\right)} \quad p = 2 \cdot 10^{-5}\,\text{Pa} \cdot 10^{4,25} = 0,356\,\text{Pa}$

$v = \dfrac{p}{\varrho c} = \dfrac{0,356\,\text{N m}^3\,\text{s}}{\text{m}^2 \cdot 1,189\,\text{kg} \cdot 344\,\text{m}} = 0,870\,\text{mm s}^{-1}$

■ 2. $y_m = \sqrt{2}\,y_{\text{eff}} = \dfrac{\sqrt{2}\,v}{2\pi f} \quad y_m = \dfrac{\sqrt{2} \cdot 0,870\,\text{m s}}{10^3\,\text{s} \cdot 2\pi \cdot 10^3} = 0,196\,\mu\text{m}$

11.4 Elektromagnetische Wellen

11.4.1 Eigenschaften elektromagnetischer Wellen

Elektromagnetische Wellen sind periodische Änderungen des elektromagnetischen Feldes; sie sind *Transversalwellen*.

Frequenzumfang $10\ \text{Hz} < f < 10^{24}\ \text{Hz}$

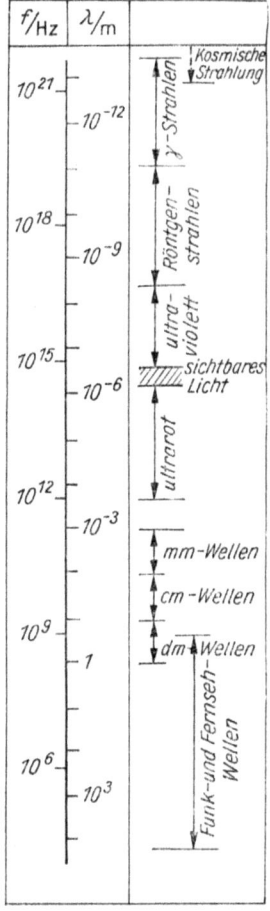

Bild 11.3

Ausbreitungsgeschwindigkeit im Vakuum $\quad c_0 = \dfrac{1}{\sqrt{\varepsilon_0 \mu_0}} = 2{,}9979 \cdot 10^8\ \dfrac{\text{m}}{\text{s}} \approx 3 \cdot 10^8\ \dfrac{\text{m}}{\text{s}}$

(Naturkonstante)

Dieser Wert gilt mit guter Näherung auch für die Ausbreitung in Luft.

Ausbreitungsgeschwindigkeit in Stoffen $\quad c = \dfrac{c_0}{\sqrt{\varepsilon_r \mu_r}} \approx \dfrac{c_0}{\sqrt{\varepsilon_r}} \qquad \text{m s}^{-1}$
$\rightarrow$ Tab. 11.3

Brechzahl $\qquad n = \dfrac{c_0}{c} \qquad 1$

(Brechungsindex)

ist frequenzabhängig (Dispersion).

11.4.2 Fotometrie

Lichtstärkeempfindung des Menschen ist nicht proportional der Intensität der Lichtstrahlung. Empfindlichkeit des Auges bei $\lambda = 555$ nm (gelbgrün).

Fotometrische oder lichttechnische Größen bewerten die Lichtempfindung entsprechend der *spektralen Hellempfindlichkeit* des menschlichen Auges.

Lichtstärke $\qquad I$ (Basisgröße) $\qquad$ cd (Candela)

Leuchtdichte $\qquad L = \dfrac{I}{\Delta A \cos \alpha} \qquad$ cd m^{-2}

ist die auf die scheinbare Senderfläche der Lichtquelle bezogene Lichtstärke.

Lichtstrom $\qquad \Phi = I\,\Omega \qquad$ cd sr = lm (Lumen)

kennzeichnet die vom Auge wahrgenommene Strahlungsleistung einer Lichtquelle.

Lichtmenge $\qquad Q = \Phi\,t \qquad$ lm s

heißt das Produkt aus Lichtstrom und Zeit. Die Lichtmenge kennzeichnet die vom Auge bewertete Strahlungsenergie.

Beleuchtungsstärke $\qquad E = \dfrac{\Phi}{A} \qquad$ lm m^{-2} = lx (Lux)

$$E/\mathrm{lx} = \dfrac{I/\mathrm{cd}\, \cos \alpha}{(r/\mathrm{m})^2}$$

kennzeichnet die Beleuchtung einer Ebene durch eine Lichtquelle (den auf die Fläche dieser Ebene bezogenen Lichtstrom).

Zusammenfassung lichttechnischer Größen und Einheiten:

Eine kleine Lichtquelle mit der Lichtstärke 1 cd strahlt in den Raumwinkel 1 sr, der durch eine senkrecht zur Strahlungsrichtung stehende 1 m² große Fläche in 1 m Abstand von der Lichtquelle gegeben ist, einen Lichtstrom von 1 lm. Dieser Lichtstrom ruft auf der Fläche eine Beleuchtungsstärke von 1 lx hervor.

Tabelle 11.1 Schallgeschwindigkeit in verschiedenen Stoffen
(Feste Stoffe und Flüssigkeiten bei 20 °C, Gase bei 0 °C und 101,325 kPa)

Stoff	$c/\mathrm{m\,s^{-1}}$	Stoff	$c/\mathrm{m\,s^{-1}}$
Aluminium	5100	Luft	332
Blei	1300	Messing	3300
Eisen	5200	Quecksilber	1430
Glas	5000	Sauerstoff	315
Helium	971	Silber	2700
Kork	500	Wasser	1485
Kupfer	3800	Wasserstoff	1280

Tabelle 11.2 Zulässiger Lärm in Räumen

Raumart	Maximalwert/dB(AI)
Krankenzimmer in Krankenhäusern	35
Unterrichtsräume	40
Wohnräume	40
Konzertsäle	30
Geistig-schöpferische Tätigkeit	50
Arbeitsräume der Verwaltung	60
Arbeitsplätze, an denen Sprachverständigung noch möglich	85
Industriegebiet, Stadtzentrum	60

Tabelle 11.3 Lichtgeschwindigkeit in verschiedenen Stoffen

Stoff	$c/10^8\,\mathrm{m\,s^{-1}}$	Stoff	$c/10^8\,\mathrm{m\,s^{-1}}$
Benzol	2,00	Luft	3,00
Diamant	1,22	Quarz	1,94
Flintglas	1,86	Schwefelkohlenstoff	1,84
Kohlendioxid	2,66	Wasser	2,24
Kronglas	1,97		

12 Geometrische Optik

12.1 Grundbegriffe

12.1.1 Lichtstrahl

Modell zur geometrischen Darstellung bestimmter Gesetze der Lichtausbreitung. Nur anwendbar auf Reflexion und Brechung. Der Lichtstrahl ist die Bahn (Richtung) der sich ausbreitenden Lichtenergie. Unendlich dünnes *Lichtbündel* (geometrische Achse des Lichtbündels). Licht breitet sich in homogenen Medien geradlinig aus.

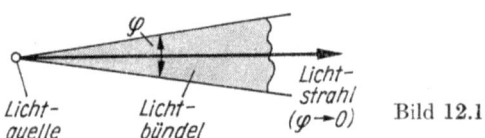

Bild 12.1

12.1.2 Optische Abbildung

reelles (wirkliches) Bild	*virtuelles* (scheinbares) Bild
entsteht, wenn sich die von einem Punkt des abzubildenden Gegenstandes ausgehenden Strahlen	
in einem Punkt hinter dem abbildenden System schneiden.	in rückwärtiger Verlängerung in einem Punkt vor oder hinter dem abbildenden System schneiden.
Auffangen des Bildes auf einem Schirm ist	
möglich.	nicht möglich.

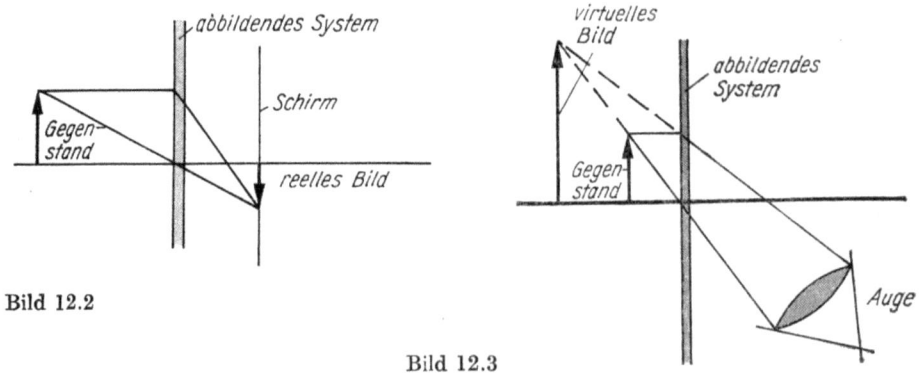

Bild 12.2

Bild 12.3

12.2 Reflexion. Ebener Spiegel

12.2.1 Reflexionsgesetz

Der Einfallswinkel ist gleich dem Ausfallswinkel. Einfallender und ausfallender Strahl liegen in einer Ebene, die senkrecht auf der reflektierenden Ebene steht.

$\alpha_1 = \alpha_2$

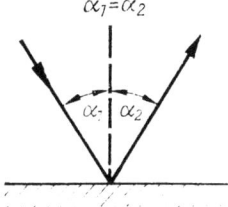

Bild 12.4

12.2.2 Ebener Spiegel

Am ebenen Spiegel entsteht ein virtuelles, seitenverkehrtes Bild. Es gilt

Bildweite $b =$ Gegenstandsweite g

Bildgröße $B =$ Gegenstandsgröße G

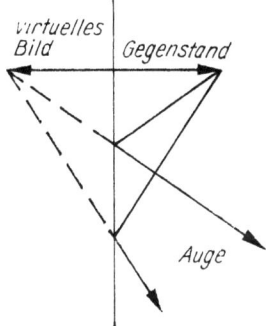

Bild 12.5

□ **Beispiel 12.1**

Auf einen ebenen Spiegel fällt senkrecht ein Lichtstrahl und wird in sich selbst reflektiert. Welchen Winkel bildet der reflektierte Strahl mit dem einfallenden Strahl, wenn der Spiegel 1. um 45° und 2. um 85° gekippt wird?
3. Welche allgemeine Aussage läßt sich formulieren?
1. $\varphi_1 = 90°$,
2. $\varphi_2 = 170°$ (Nachweis durch Konstruktion)
3. Drehung des Spiegels um den Winkel φ bewirkt Drehung des reflektierten Strahls um den Winkel 2φ.

12.3 Gekrümmte Spiegel (Hohl- und Wölbspiegel)

12.3.1 Brennweite

ist gleich dem halben Krümmungsradius.

$$f = \frac{r}{2}$$

Für Wölbspiegel ist $f < 0$.

12.3.2 Verlauf ausgezeichneter Strahlen

Parallelstrahl wird Brennpunktstrahl.
Brennpunktstrahl wird Parallelstrahl.
Mittelpunktstrahl (Hauptstrahl) wird nicht abgelenkt.

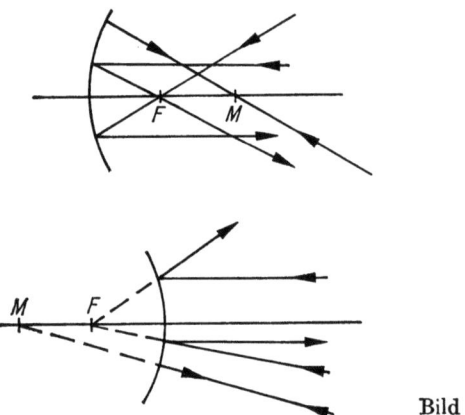

Bild 12.6

12.3.3 Abbildungsgleichung

Der Kehrwert der Brennweite ist gleich der Summe der Kehrwerte von Gegenstandsweite und Bildweite.

$$\frac{1}{f} = \frac{1}{g} + \frac{1}{b}$$

Für Wölbspiegel ist $f < 0$.

12.3.4 Abbildungsmaßstab

Es verhält sich Bildgröße zu Gegenstandsgröße wie Bildweite zu Gegenstandsweite.

$$\frac{B}{G} = \frac{b}{g}$$

12.3.5 Bilder am Hohlspiegel

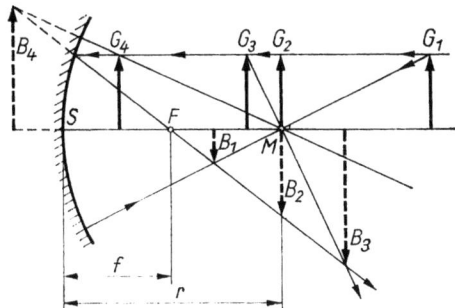

Bild 12.7

Gegenstandsweite	Bildweite	Bildgröße	Art des Bildes
$g > 2f$	$2f > b > f$	$B < G$	reell, umgekehrt
$g = 2f$	$b = 2f$	$B = G$	reell, umgekehrt
$2f > g > f$	$b > 2f$	$B > G$	reell, umgekehrt
$g \leq f$	Bild hinter dem Hohlspiegel	$B > G$	virtuell, aufrecht

12.3.6 Bilder am Wölbspiegel

Am Wölbspiegel entstehen unabhängig vom Ort des Gegenstandes stets virtuelle, aufrechte, verkleinerte Bilder.

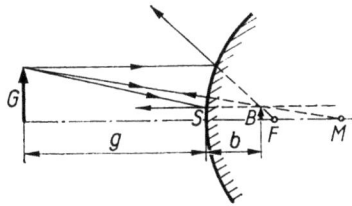

Bild 12.8

□ **Beispiel 12.2**

Ein sphärischer Hohlspiegel liefert ein reelles Bild in 120 cm Entfernung vom Spiegel, wenn sich der Gegenstand in 20 cm Abstand vom Spiegel befindet. Welchen Krümmungsradius hat der Spiegel?

■ $$r = 2f = \frac{2\,b\,g}{b+g} = \frac{2 \cdot 120 \text{ cm} \cdot 20 \text{ cm}}{(120 + 20) \text{ cm}} \qquad r = 34{,}3 \text{ cm}$$

□ **Beispiel 12.3**

Ein sphärischer Wölbspiegel hat den Krümmungsradius 40 cm. In 180 cm Entfernung vom Spiegel erstreckt sich ein Gegenstand von 25 cm Länge senkrecht zur optischen Achse. Welche Länge hat der Gegenstand im Spiegelbild?

Aus $\dfrac{B}{G} = \dfrac{b}{g}$, $\qquad b = \dfrac{fg}{f+g} \quad$ und $\quad f = \dfrac{r}{2} \quad$ folgt

■ $$B = \frac{G\,r}{2\left(\dfrac{r}{2} + g\right)} \qquad B = \frac{25 \text{ cm} \cdot 40 \text{ cm}}{2\,(20 + 180)\text{ cm}} = 2{,}5 \text{ cm}$$

12.4 Brechung des Lichts. Totalreflexion

12.4.1 Brechungsgesetz

An der Grenze zweier Medien mit unterschiedlichen *optischen Dichten* ändert ein Lichtstrahl seine Richtung. Einfallender und gebrochener Strahl liegen in einer Ebene, die senkrecht zur brechenden Ebene steht. Beim Übergang eines Strahls vom optisch dünneren ins optisch dichtere Medium wird dieser zum Lot hin gebrochen.

$$\frac{\sin \alpha}{\sin \beta} = \frac{n_2}{n_1} = n_{12}$$

n_1 absolute Brechzahl des Mediums *1*, n_2 absolute Brechzahl des Mediums *2*,
n_{12} Brechzahl für den Übergang $M_1 \rightarrow M_2$
Definition der Brechzahl siehe 11.4.1.

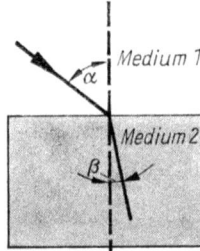

Bild 12.9

Beispiel 12.4

Skizzieren Sie den Verlauf eines einfarbigen Lichtstrahls, der schräg auf eine planparallele Glasplatte auftrifft. Formulieren Sie in Worten die für diesen Strahlengang gültige Gesetzmäßigkeit.

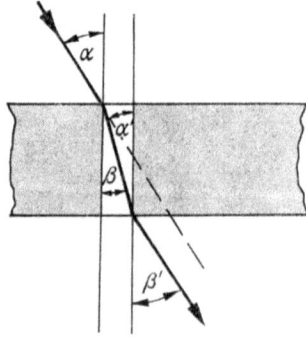

Bild 12.10

(Bild 12.10) Ein Lichtstrahl wird bei schrägem Durchgang durch eine planparallele Platte parallel zu seiner Richtung verschoben.

12.4.2 Totalreflexion

Beim Auftreffen eines Lichtstrahls auf die Grenzfläche zwischen einem optisch dichteren und einem optisch dünneren Medium wird dieser vom Lot weg gebrochen. Er wird totalreflektiert, wenn der Einfallswinkel α größer als der *Grenzwinkel der Totalreflexion* α_T ist. Für den Grenzwinkel gilt

$$\sin \alpha_T = \frac{n_2}{n_1}$$

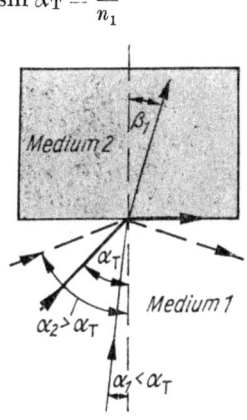

Bild 12.11

12.4.3 Prisma

Beim Durchgang durch ein Prisma wird ein Strahl von der brechenden Kante weg gebrochen. Für die *Gesamtablenkung* gilt

$$\delta = \alpha_1 + \alpha_2 - \varphi$$

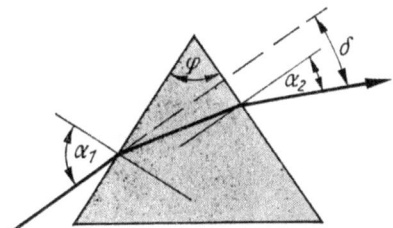

Bild 12.12

Bedingung für *minimale Ablenkung* δ_0: symmetrischer Durchgang des Strahls
Für diesen Fall gilt

$$n = \frac{\sin \frac{\delta_0 + \varphi}{2}}{\sin \frac{\varphi}{2}}$$

$\rightarrow$ *Tab. 12.1*

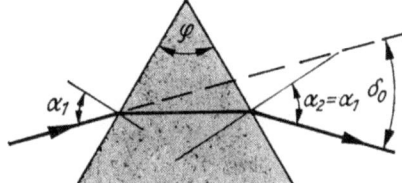

Bild 12.13

□ **Beispiel 12.5**

An einem Prisma mit einem brechenden Winkel von 30° wird ein Lichtstrahl bei symmetrischem Durchgang um 20° abgelenkt. Welche Brechzahl hat das Glas des Prismas?

$$n = \frac{\sin\frac{\delta + \varphi}{2}}{\sin\frac{\varphi}{2}} \qquad n = \frac{\sin\frac{20° + 30°}{2}}{\sin\frac{30°}{2}} = 1{,}63$$

■

□ **Beispiel 12.6**

Blickt man schräg in ein Schwimmbassin, erscheint der Beckenboden angehoben. Geben Sie eine Erklärung.

Beim Übergang Wasser/Luft wird der Strahl vom Lot weg gebrochen. Das Auge sieht den Beckenboden in Verlängerung des gebrochenen Strahls.

■

12.5 Linsen

12.5.1 Brennweite dünner Linsen

Für *konvexe* Linsen (Sammellinsen) und *konkave* Linsen (Zerstreuungslinsen), die von Kugelflächen mit den Radien r_1 und r_2 begrenzt werden, gilt

$$\frac{1}{f} = (n - 1)\left(\frac{1}{r_1} + \frac{1}{r_2}\right)$$

Für Konkavlinsen ist $r < 0$ und $f < 0$.

12.5.2 Brechkraft

Der reziproke Wert der Brennweite wird als Brechkraft D bezeichnet.

$$D = \frac{1}{f} \qquad\qquad [D] = \frac{1}{\text{m}} = \text{dpt (Dioptrie)}$$

12.5.3 Verlauf ausgezeichneter Strahlen

Parallelstrahl wird Brennpunktstrahl.

Brennpunktstrahl wird Parallelstrahl.

Mittelpunktstrahl (Hauptstrahl) wird nicht abgelenkt.

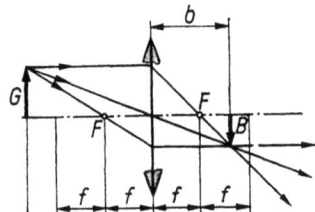

Bild 12.14

12.5.4 Abbildungsgleichung

$$\frac{1}{f} = \frac{1}{g} + \frac{1}{b}$$

12.5.5 Abbildungsmaßstab

$$\frac{B}{G} = \frac{b}{g}$$

12.5.6 Bildentstehung an der Sammellinse

Gegenstandsweite	Bildweite	Bildgröße	Art des Bildes
$g > 2f$	$f < b < 2f$	$B < G$	reell, umgekehrt
$g = 2f$	$b = 2f$	$B = G$	reell, umgekehrt
$2f > g > f$	$b > 2f$	$B > G$	reell, umgekehrt
$g \leqq f$	Bild auf der Seite des Gegenstands	$B > G$	virtuell, aufrecht

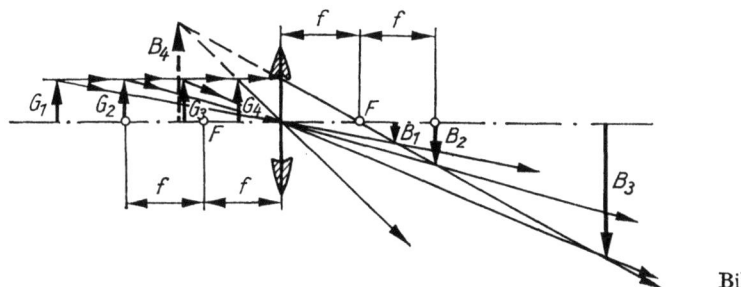

Bild 12.15

12.5.7 Bildentstehung an der Zerstreuungslinse

An der Zerstreuungslinse entstehen stets virtuelle, aufrechte verkleinerte Bilder.

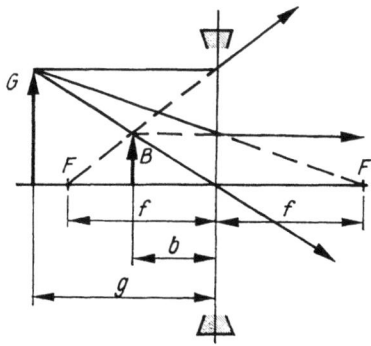

Bild 12.16

☐ **Beispiel 12.7**

Ein Lichtstrahl trifft in Wasser auf die Grenzfläche zur Luft unter dem Einfallswinkel 20°. Die Temperatur sei 20 °C.
1. Berechnen Sie den Winkel, unter dem der gebrochene Strahl verläuft.
2. Berechnen Sie den Grenzwinkel für Totalreflexion.

1. Medium *1*: Wasser; Medium *2*: Luft

$$\sin \alpha_2 = \frac{n_2 \sin \alpha_1}{n_1} = \frac{3{,}00 \cdot 0{,}342}{2{,}24} = 0{,}458; \quad \alpha_2 = 27{,}3°$$

■ 2. $\sin \alpha_T = \frac{n_1}{n_2} = \frac{2{,}24}{3{,}00} = 0{,}747; \quad \alpha_T = 48{,}3°$

12.6 Optische Instrumente

12.6.1 Sehwinkel

ist der Winkel, unter dem der Gegenstand bzw. das Bild vom Beobachter gesehen wird. Es gilt

$$\tan \varepsilon = \frac{G}{g} = \frac{B}{b}$$

Lupe, Fernrohr, Mikroskop bewirken Vergrößerung des Sehwinkels.

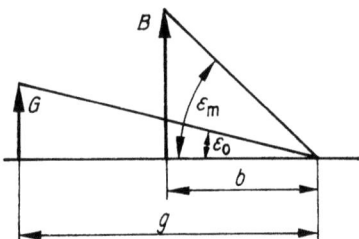

Bild 12.17

12.6.2 Vergrößerung

ist das Verhältnis der Sehwinkel mit und ohne Instrument.

$$v = \frac{\tan \varepsilon_m}{\tan \varepsilon_0}$$

12.6.3 Lupe

Bei der Verwendung einer Sammellinse als Lupe entsteht ein **vergrößertes virtuelles Bild** des Gegenstands (siehe 12.5.6. Fall 4: $g \leq f$). Für die Vergrößerung gilt

$$v = \frac{s}{f} \qquad \text{(Bild im Unendlichen)}$$

oder

$$v = \frac{s}{f} + 1 \qquad \text{(Bild in deutlicher Sehweite)}$$

12.6.4 Fernrohr

Astronomisches Fernrohr

Objektiv (Sammellinse $f = f_1$) entwirft von weit entferntem Gegenstand umgekehrtes, verkleinertes, reelles Zwischenbild, das durch das *Okular* (Lupe $f = f_2$) unter größerem Sehwinkel gesehen wird. Vergrößerung

$$v = \frac{f_1}{f_2}$$

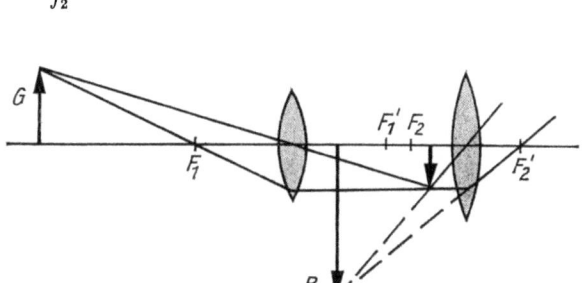

Bild 12.18

Prismenfernrohr

ist ein astronomisches Fernrohr, bei dem durch Verwendung von *Umkehrprismen* (im Strahlengang hinter dem Objektiv) eine kurze Baulänge und ein aufrechtes Bild erzielt wird.

Galileisches Fernrohr

besteht aus Sammellinse als Objektiv und Zerstreuungslinse als Okular. Vorteil: kurze Baulänge, aufrechtes Bild. Nachteil: nur geringe Vergrößerung (Theaterglas).

12.6.5 Mikroskop

Sammellinse mit kurzer Brennweite f_1 als Objektiv entwirft vom Gegenstand, der sich zwischen einfacher und doppelter Brennweite befindet, ein reelles, umgekehrtes, vergrößertes Zwischenbild, das durch das Okular (Lupe $f = f_2$) als virtuelles, um-

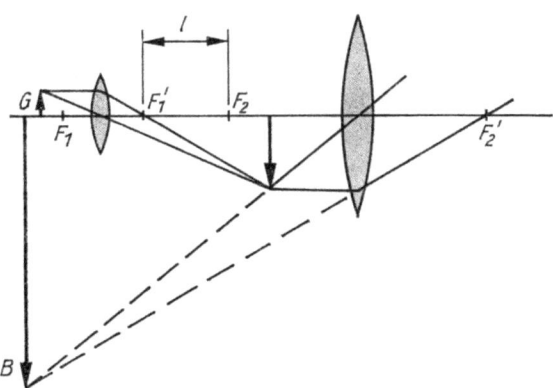

Bild 12.19

gekehrtes Bild gesehen wird. Für die Vergrößerung gilt

$$v = \frac{s\,l}{f_1 f_2}$$

l ist der innere Abstand der Brennpunkte von Objektiv und Okular (optische Tubuslänge).

□ **Beispiel 12.8**

Mit einem Bildwerfer soll auf eine 5,20 m entfernte Wand ein 25fach vergrößertes Bild projiziert werden. Berechnen Sie die Brechkraft des benötigten Objektivs.

Aus $\quad f = \dfrac{g\,b}{g+b} \quad$ und $\quad \dfrac{G}{B} = \dfrac{g}{b} = \dfrac{1}{25} \quad$ folgt

$$f = \frac{b^2 \cdot 25}{25 \cdot 26\,b} = \frac{b}{26} \qquad f = \frac{5{,}20}{26}\,\text{m} = 0{,}20\,\text{m}$$

■ $\quad D = \dfrac{1}{f} \qquad\qquad D = \dfrac{1}{0{,}2}\,\text{m}^{-1} = 5\,\text{dpt}$

□ **Beispiel 12.9**

Welche Brechkraft muß eine Lupe haben, wenn mit ihr bei Beobachtung in deutlicher Sehweite eine 6fache Vergrößerung erzielt werden soll?

$$v = \frac{s}{f} + 1 \quad\rightarrow\quad f = \frac{s}{v-1} \qquad f = \frac{25\,\text{cm}}{5} = 5\,\text{cm}$$

■ $\quad D = \dfrac{1}{f} \qquad\qquad D = \dfrac{1}{0{,}05}\,\text{m}^{-1} = 20\,\text{dpt}$

Tabelle 12.1 Brechzahl verschiedener Stoffe

Stoff	n	Stoff	n
Diamant	2,42	Kanadabalsam	1,54
Glas		Polystyrol	1,59
Flintglas	1,62	Quarz	1,54
Schwerflintglas	1,74	Schwefelkohlenstoff	1,63
Kronglas	1,52	Steinsalz	1,54
Flußspat	1,43	Wasser	1,33

13 Relativität und Quanten

13.1 Spezielle Relativitätstheorie

13.1.1 Grundsätze

● Alle *Inertialsysteme* (Systeme, in denen das Trägheitsprinzip gilt) sind hinsichtlich aller physikalischen Vorgänge gleichwertig.

● Die *Lichtgeschwindigkeit* im Vakuum hat in allen Inertialsystemen den gleichen Wert c. Sie stellt die größte Geschwindigkeit dar, mit der Energie übertragen werden kann.

13.1.2 Lorentz-Transformation

Für die Umrechnung der Orts- und Zeitkoordinaten zweier gegeneinander gleichförmig mit der Geschwindigkeit v bewegter Inertialsysteme S und S' gelten mit $\beta^2 = \left(\dfrac{v}{c}\right)^2$

$$x' = \frac{x - vt}{\sqrt{1-\beta^2}} \qquad x = \frac{x' + vt}{\sqrt{1-\beta^2}}$$

$$t' = \frac{t - \dfrac{v}{c^2}x}{\sqrt{1-\beta^2}} \qquad t = \frac{t' + \dfrac{v}{c^2}x'}{\sqrt{1-\beta^2}}$$

Für $v \ll c$ geht die LORENTZ-Transformation in die GALILEI-Transformation über:

$$x' = x - vt \qquad x = x' + vt \qquad t' = t$$

13.1.3 Zeitdilatation

Einem Beobachter im System S erscheint ein Zeitintervall, das im System S' den Betrag $\Delta t'$ hat, gedehnt auf

$$\Delta t = \frac{\Delta t'}{\sqrt{1-\beta^2}}$$

13.1.4 Längenkontraktion

Einem Beobachter im System S erscheint die Länge $\Delta x'$ eines im System S' ruhenden Körpers verkürzt auf

$$\Delta x = \Delta x' \sqrt{1-\beta^2}$$

13.1.5 Relativistische Masse

Ein Körper, der im Ruhezustand die *Ruhmasse* m_0 hat, hat bei einer Geschwindigkeit v die *relativistische Masse*

$$m = \frac{m_0}{\sqrt{1-\beta^2}}$$

Ein Körper mit endlicher Ruhmasse kann die Vakuumlichtgeschwindigkeit nicht erreichen.

□ **Beispiel 13.1**

Die Geschwindigkeit von Elektronen soll 80 % der Vakuumlichtgeschwindigkeit betragen. Berechnen Sie für ein Elektron das Verhältnis seiner relativistischen Masse zur Ruhmasse.

$$\frac{m}{m_0} = \frac{1}{\sqrt{1-\left(\frac{v}{c}\right)^2}} \qquad \frac{v}{c} = 0{,}8$$

$$\frac{m}{m_0} = \frac{1}{\sqrt{1-0{,}64}} = \frac{1}{0{,}6} = 1{,}67$$

■ Die relativistische Masse ist also um 67 % größer als die Ruhmasse.

13.1.6 Masse-Energie-Beziehung

Masse und Energie sind äquivalent:

$$E = m\,c^2$$

□ **Beispiel 13.2**

Wie groß ist die Ruhenergie (in Elektronvolt) eines Elektrons?

$$E_0 = m_0\,c^2$$
$$E_0 = 9{,}1 \cdot 10^{-31}\,\text{kg} \cdot 9 \cdot 10^{16}\,\frac{\text{m}^2}{\text{s}^2} \cdot \frac{\text{eV}}{1{,}6 \cdot 10^{-19}\,\text{J}} = 512\,\text{keV}$$

■

13.2 Quanten

13.2.1 Dualismus Welle — Teilchen

Licht verhält sich in manchen Experimenten wie eine *Welle* (Ausbreitung, Beugung, Interferenz, Polarisation), bei anderen Experimenten (z. B. Foto-Effekt) wie ein Strom von *Teilchen* (Photonen, siehe 13.2.2). Beide Bilder sind der klassischen Physik entnommen und schließen sich gegenseitig aus. In der Quantentheorie wird eine Synthese zwischen beiden Modellen durch mathematische Modelle (Differentialgleichungen oder Matrizen) erreicht. Dabei muß auf Anschaulichkeit weitgehend verzichtet werden.

13.2.2 Photonen

sind Lichtquanten mit der *Ruhmasse* $m_0 = 0$.

Energie eines Photons $\qquad E = hf$

Darin ist h die für die Quantenphysik charakteristische Naturkonstante, das elementare Wirkungsquantum oder die

PLANCK-Konstante $\qquad h = 6{,}6262 \cdot 10^{-34}$ J s

Relativistische Masse eines Photons $\qquad m = \dfrac{hf}{c^2}$

Impuls eines Photons $\qquad p = \dfrac{hf}{c}$

Masse und Impuls beschreiben die Teilcheneigenschaften, Frequenz und Wellenlänge die Welleneigenschaften.

□ **Beispiel 13.3**

Berechnen Sie die Masse eines Photons des grünen Lichts der Wellenlänge 540 nm und vergleichen Sie das Ergebnis mit der Ruhmasse des Elektrons.

$$m = \frac{hf}{c^2} \qquad f = \frac{c}{\lambda} \qquad m = \frac{h}{\lambda c}$$

$$m = \frac{6{,}626 \text{ J s} \cdot 10^9 \text{ s}}{10^{34} \cdot 540 \text{ m} \cdot 3 \cdot 10^8 \text{ m}} = 4{,}1 \cdot 10^{-36} \text{ kg}$$

■ $\quad m : m_e = 1 : (2{,}2 \cdot 10^5)$

13.2.3 De-Broglie-Wellenlänge

Der Dualismus wird auch bei Mikroobjekten beobachtet, die eine endliche Ruhmasse haben und für die meist das Teilchenbild bevorzugt wird (Elektronen, Protonen usw.). Für sie gilt

DE-BROGLIE-Wellenlänge (Materiewellenlänge) $\qquad \lambda = \dfrac{h}{mv}$

An Elektronenstrahlen konnten Beugungs- und Interferenzerscheinungen beobachtet werden.

□ **Beispiel 13.4**

Berechnen Sie die Materiewellenlänge der Elektronen, die mit einer Spannung von 20 kV beschleunigt worden sind.

Aus $eU = \dfrac{1}{2} mv^2 \qquad$ und $\qquad \lambda = \dfrac{h}{mv} \qquad$ folgt

■ $\qquad \lambda = \dfrac{h}{\sqrt{2eUm}} \qquad \lambda = 8{,}7 \text{ pm}$

13.2.4 Foto-Effekt

Kurzwellige Strahlung (ultraviolett) löst aus Metallplatten im Vakuum Elektronen heraus. Dabei muß die Energie des Photons mindestens gleich der *Ablösearbeit* W_e

sein. Es gilt die

EINSTEIN-Gleichung $\qquad h f = W_e + \frac{1}{2} m v^2$

$\frac{1}{2} m v^2$ ist die kinetische Energie des ausgelösten Elektrons.

□ **Beispiel 13.5**

1. Welche Wellenlänge darf eine Strahlung höchstens haben, wenn sie durch Foto-Effekt Elektronen aus Kupfer auslösen soll und die Austrittsarbeit dabei 4,48 eV beträgt?
2. Welche Geschwindigkeit erhalten die Elektronen, wenn die Wellenlänge bei 200 nm liegt?

1. Aus $h f = W_e$ und $f = \frac{c}{\lambda}$ folgt $\lambda = \frac{h c}{W_e}$

$$\lambda = \frac{6{,}626 \text{ J s} \cdot 3 \cdot 10^8 \text{ m} \cdot 10^{19}}{10^{34} \cdot 4{,}48 \cdot 1{,}6 \text{ J s}} = 277 \text{ nm}$$

2. Aus $h f = W_e + \frac{1}{2} m v^2$ folgt mit $f = \frac{c}{\lambda}$

$$v = \sqrt{\frac{2}{m} \left(\frac{h c}{\lambda} - W_e \right)}$$

■ $\qquad v = \sqrt{\frac{2 \cdot 10^{31}}{9{,}1 \text{ kg}} \left(\frac{6{,}626 \text{ J s} \cdot 10^9 \cdot 3 \cdot 10^8 \text{ m}}{10^{34} \cdot 200 \text{ m s}} - \frac{4{,}48 \cdot 1{,}6 \text{ J}}{10^{19}} \right)} = 780 \frac{\text{km}}{\text{s}}$

13.2.5 Heisenbergsche Unbestimmtheitsrelation

Ort und Impuls eines Mikroobjekts lassen sich nicht gleichzeitig genau angeben; es gilt vielmehr die

HEISENBERGsche
Unbestimmtheitsrelation $\qquad \Delta x \cdot \Delta p = \frac{h}{4 \pi},$

wenn Δx die Unbestimmtheit des Ortes, Δp die Unbestimmtheit des Impulses ist. Es ist also prinzipiell unmöglich, ein Mikroobjekt, etwa ein Elektron, nach der in der klassischen Mechanik üblichen Art streng zu lokalisieren und gleichzeitig exakte Angaben über seinen Impuls (seine Geschwindigkeit) zu machen. Es sind nur *Wahrscheinlichkeitsaussagen* möglich.

14 Atom- und Kernphysik

14.1 Bestandteile des Atoms

Atomkern: Protonen (positiv geladen), Neutronen (ungeladen)
Atomhülle: Elektronen (negativ geladen)

14.2 Atomhülle

14.2.1 Bau des Wasserstoffatoms (Bohrsches Modell)

Das Wasserstoffatom ist das einfachste aller Atome: Ein Proton (Atomkern) wird von einem Elektron (Atomhülle) umkreist.

Bohrsche Postulate

● Die Elektronen laufen im Atom strahlungslos um auf Bahnen, die durch die

Quantenbedingung $\qquad 2\pi r m v = n h \quad (n = 1, 2, 3, \ldots)$

festgelegt sind.

● Jeder Quantenbahn entspricht ein bestimmter Energiezustand des Atoms. Beim *Übergang* des Elektrons von einem höheren auf ein niedrigeres Energieniveau wird ein Photon emittiert, dessen Energie gleich dem Energieverlust des Elektrons ist.

Energiedifferenz des $\qquad \Delta E = h f$
Elektrons

Energieniveau des Wasserstoffatoms

$$E = -\frac{1}{8} \frac{m e^4}{\varepsilon_0^2 n^2 h^2} \qquad (n = 1, 2, 3, \ldots)$$

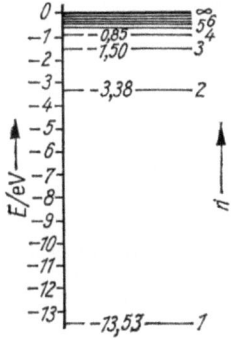

Bild 14.1

Wasserstoffspektrum
Wellenlängen für
die möglichen Übergänge
$$\lambda = \frac{1}{R_H\left(\frac{1}{n^2} - \frac{1}{m^2}\right)}$$
$n = 1, 2, 3, \ldots$
$m = 2, 3, 4, \ldots$
$m > n$

RYDBERG-Konstante
des Wasserstoffatoms
$R_H = 1{,}09678 \cdot 10^7\ \text{m}^{-1}$

□ **Beispiel 14.1**

Es sind zu berechnen
1. die ersten beiden Energieniveaus des Wasserstoffatoms,
2. die Wellenlänge der Strahlung, die beim Übergang des Elektrons vom zweiten auf das erste Energieniveau emittiert wird.

1. $E_1 = -\frac{1}{8} m \left(\frac{e^2}{\varepsilon_0 h}\right)^2$

$E_1 = -\frac{9{,}1\ \text{kg}}{8 \cdot 10^{31}} \left(\frac{1{,}6^2\ \text{A}^2\ \text{s}^2 \cdot 10^{12}\ \text{V m} \cdot 10^{34}}{10^{38} \cdot 8{,}854\ \text{A s} \cdot 6{,}626\ \text{J s}}\right)^2 = -13{,}53\ \text{eV}$

$E_2 = \frac{E_1}{4} = -3{,}38\ \text{eV}$

2. Aus $\frac{hc}{\lambda} = \Delta E$ folgt $\lambda = \frac{hc}{\Delta E}$

$\lambda = \frac{6{,}626\ \text{J s} \cdot 3 \cdot 10^8\ \text{m} \cdot 10^{19}}{10^{34} \cdot 10{,}15 \cdot 1{,}6\ \text{s J}} = 122\ \text{nm}$

oder

$\lambda = \frac{1}{R_H\left(\frac{1}{n^2} - \frac{1}{m^2}\right)}$ $\qquad n = 1,\ m = 2$

■ $\lambda = \frac{4\ \text{m}}{1{,}09678 \cdot 10^7 \cdot 3} = 122\ \text{nm}$

14.2.2 Quantenmechanisches Atommodell

Das BOHRsche Modell konnte das Wasserstoffspektrum erklären, versagt aber bei komplizierteren Atomen. Das kreisende Elektron des BOHRschen Modells ist darüber hinaus mit der HEISENBERGschen Unschärferelation unverträglich. Das quantenmechanische (wellenmechanische) Modell ersetzt die BOHRschen Bahnen durch Räume (*Orbitale*), in denen sich die Elektronen bevorzugt (mit hoher Wahrscheinlichkeit) aufhalten.

14.2.3 Quantenzahlen

n	Hauptquantenzahl	$n = 1, 2, 3, \ldots$	
l	Nebenquantenzahl	$l = 0, 1, 2, \ldots, n-1$	$0 \leq l \leq n-1$
m	Magnetquantenzahl	$m = 0, \pm 1, \pm 2, \ldots, \pm l$	$0 \leq |m| \leq l$
s	Spinquantenzahl	$s = \pm \frac{1}{2}$	

14.2.4 Pauli-Prinzip

In jedem Atom unterscheiden sich sämtliche Elektronen in mindestens einer ihrer Quantenzahlen.

Bezeichnung der Elektronen

s: alle Elektronen mit $\quad l = 0 \ (m = 0)$
p: alle Elektronen mit $\quad l = 1 \ (m = -1, 0, +1)$
d: alle Elektronen mit $\quad l = 2 \ (m = -2, -1, 0, 1, 2)$
f: alle Elektronen mit $\quad l = 3 \ (m = -3, -2, -1, 0, 1, 2, 3)$
g: alle Elektronen mit $\quad l = 4 \ (m = -4, -3, -2, -1, 0, 1, 2, 3, 4)$

Anzahl der verschiedenen Zustände

Zu einer Hauptquantenzahl n gibt es $z = 2\,n^2$ verschiedene Zustände.

14.2.5 Röntgen-Strahlung

Erzeugung von Röntgen-Strahlung

Elektronen werden aus einer Glühkatode ausgedampft, durchlaufen eine hohe Spannung und erhalten dabei

kinetische Energie $\qquad \dfrac{1}{2} m v^2 = e U$

Die Elektronen schlagen auf die Anode auf und lösen dabei die RÖNTGEN-Strahlung aus.

Röntgen-Bremsstrahlung

entsteht durch Bremsung der in das Anodenmaterial eingedrungenen freien Elektronen.

Energiebilanz $\qquad \dfrac{1}{2} m v^2 = h f + Q$

RÖNTGEN-Bremsstrahlung liefert ein kontinuierliches Spektrum. Höchste Frequenz ist die

Grenzfrequenz $\qquad f_g = \dfrac{e U}{h}$

Charakteristische Röntgen-Strahlung

entsteht durch Quantensprünge gebundener Elektronen, die durch freie Elektronen hoher Energie angeregt worden sind. Das charakteristische RÖNTGEN-Spektrum ist ein Linienspektrum.

Beispiel 14.2

Berechnen Sie die Grenzwellenlänge einer RÖNTGEN-Bremsstrahlung, wenn die Beschleunigungsspannung 50 kV beträgt.

Aus $f_g = \dfrac{e U}{h}$ und $f_g = \dfrac{c}{\lambda_g}$ folgt $\lambda_g = \dfrac{h c}{e U}$

$$\lambda_g = \dfrac{6{,}626 \text{ J s} \cdot 3 \cdot 10^8 \text{ m} \cdot 10^{19}}{10^{34} \cdot 1{,}6 \text{ A s} \cdot 5 \cdot 10^4 \text{ V}} = 25 \text{ pm}$$

14.3 Atomkern

14.3.1 Aufbau der Atomkerne

Charakteristische Zahlen

sind *Kernladungszahl* Z (Anzahl der Protonen)
Massenzahl A (Anzahl der Protonen und Neutronen)
Neutronenzahl N

$$A = Z + N$$

Kennzeichnung der Atomkerne

erfolgt, indem A und Z an das Symbol des Kernes gesetzt werden.

Beispiel: $^{23}_{11}\text{Na}$ bedeutet $Z = 11$, $A = 23$; daraus folgt $N = A - Z = 12$

14.3.2 Wichtigste Elementarteilchen

Bezeichnung	Symbol	$\dfrac{Q}{e}$	$\dfrac{m}{m_e}$
Photon	γ	0	0
Leptonen			
Neutrino	ν	0	0
Elektron	e^-	-1	1
Positron	e^+	$+1$	1
Mesonen			$250 \cdots 1000$
Baryonen			
Proton	p	$+1$	1836
Neutron	n	0	1839
Hyperonen			> 2000

14.3.3 Radioaktivität

Strahlungsarten

α-Strahlung: positiv geladene Heliumkerne ($Z = 2$, $A = 4$)
β-Strahlung: negativ geladene Elektronen ($Z = -1$, $A = 0$)
γ-Strahlung: elektromagnetische Strahlung von kürzerer Wellenlänge als die RÖNTGEN-Strahlung

Zerfallsprozesse

Bei α-Zerfall nimmt die Kernladungszahl um 2, die Massenzahl um 4 ab.

Beispiel: $^{238}_{92}\text{U} \rightarrow {}^{234}_{90}\text{Th} + {}^{4}_{2}\alpha$

Bei *β-Zerfall* entstehen aus einem Neutron ein Proton, ein Elektron (β-Teilchen) und ein Neutrino: $^{1}_{0}\text{n} \rightarrow {}^{1}_{1}\text{p} + {}^{0}_{-1}\beta + {}^{0}_{0}\nu$. Das β-Teilchen und das Neutrino werden emittiert. Dabei nimmt die Kernladungszahl um 1 zu, die Massenzahl bleibt konstant.

Beispiel: $^{234}_{90}\text{Th} \rightarrow {}^{234}_{91}\text{Pa} + {}^{0}_{-1}\beta + {}^{0}_{0}\nu$

Bei γ-Zerfall ändert sich nur der Anregungszustand des Kerns. γ-Strahlung begleitet
α- oder β-Strahlung.

Aktivität

$$A = \lambda N \qquad \text{s}^{-1} = \text{Bq (Becquerel)}$$

ist der Anzahl der vorhandenen Atome proportional.
Der Proportionalitätsfaktor λ heißt *Zerfallskonstante* und ist ein Materialwert.

Zerfallsgesetz

$$N = N_0 \, e^{-\lambda t} \qquad\qquad 1$$

gibt die Anzahl der noch nicht zerfallenen Kerne an, wenn die Anzahl zu Beginn
$(t = 0)$ N_0 ist.
Für die Aktivität nach Ablauf der Zeit t gilt

$$A = A_0 \, e^{-\lambda t} \qquad \text{Bq}$$

Halbwertzeit

$$T_{1,2} = \frac{\ln 2}{\lambda} = \frac{0{,}693}{\lambda} \qquad \text{s, min, h, d}$$

ist die Zeit, nach der die Hälfte einer zu Beginn $(t = 0)$ vorhandenen Anzahl von
Kernen zerfallen ist.

□ **Beispiel 14.3**

Die Aktivität eines radioaktiven Präparats sinkt im Laufe von 40 d von
120 MBq auf 110 MBq. Berechnen Sie die Halbwertzeit.

$$A = A_0 \, e^{-\lambda t} \qquad T_{1/2} = \frac{\ln 2}{\lambda}$$

$$\ln \frac{A_0}{A} = \frac{\ln 2}{T_{1/2}} t \qquad \text{Daraus folgt } T_{1/2} = \frac{\ln 2}{\ln \frac{A_0}{A}} t$$

$$T_{1/2} = \frac{0{,}693}{\ln \frac{120}{110}} \cdot 40 \text{ d} = \frac{0{,}693}{0{,}087} \cdot 40 \text{ d} = 319 \text{ d}$$

■

14.3.4 Massendefekt und Bindungsenergie

Massendefekt

ist die Tatsache, daß die Masse eines Atoms kleiner ist als die Summe der Massen
seiner Bestandteile.

Bindungsenergie

ist mit dem Massendefekt Δm durch die Masse-Energie-Äquivalenz verknüpft:

Massendefekt und $\qquad E = \Delta m \, c^2 \qquad$ J, MeV
Bindungsenergie

Bei der Verschmelzung der Elementarteilchen zu einem Kern wird die Bindungsenergie frei; bei der Zerlegung des Kerns in seine Bestandteile muß die Bindungsenergie
aufgebracht werden.

14.3.5 Kernspaltung

Unter Kernspaltung versteht man die Zerlegung eines schweren Kerns durch Neutronenbeschuß in zwei Bruchstücke, wobei neue Neutronen entstehen. Erste Kernspaltung durch HAHN und STRASSMANN 1938:

$$^{1}_{0}n + ^{235}_{92}U \rightarrow ^{145}_{56}Ba + ^{88}_{36}Kr + 3\,^{1}_{0}n$$

Bei der Kernspaltung wird Bindungsenergie frei, da die Gesamtmasse der Spaltprodukte kleiner ist als die Masse der Ausgangsstoffe.

Kettenreaktion

Die durch Kernspaltung freigesetzten Neutronen leiten weitere Spaltprozesse ein. Kettenreaktion tritt ein, wenn die *kritische Masse* spaltbaren Materials überschritten wird.

14.3.6 Kernfusion

Unter Kernfusion versteht man die Verschmelzung von leichten Kernen zu einem schwereren, z.B. Deuterium und Tritium zu Helium:

$$^{3}_{1}T + ^{2}_{1}D \rightarrow ^{4}_{2}He + ^{1}_{0}n$$

Dabei tritt ein Massendefekt auf; die Bindungsenergie wird frei.

Tabelle 14.1 Physikalische Konstanten

Gravitationskonstante	γ	$= 6{,}672 \cdot 10^{-11}$ N m² kg⁻²
Normfallbeschleunigung	g_n	$= 9{,}80665$ m s⁻²
Gaskonstante	R	$= 8314{,}4$ J kmol⁻¹ K⁻¹
Molares Normvolumen des idealen Gases	V_{m0}	$= 22{,}4138$ m³ kmol⁻¹
Avogadro-Konstante	N_A	$= 6{,}02205 \cdot 10^{26}$ kmol⁻¹
Loschmidt-Konstante	N_L	$= 2{,}68675 \cdot 10^{25}$ m⁻³
Boltzmann-Konstante	k	$= 1{,}38066 \cdot 10^{-23}$ J K⁻¹
Elektrische Feldkonstante	ε_0	$= 8{,}85419 \cdot 10^{-12}$ F m⁻¹
Magnetische Feldkonstante	μ_0	$= 4\pi \cdot 10^{-7}$ H m⁻¹
Elektrische Elementarladung	e	$= 1{,}60219 \cdot 10^{-19}$ C
Spezifische Ladung des Elektrons	e/m_e	$= 1{,}758805 \cdot 10^{11}$ C kg⁻¹
Lichtgeschwindigkeit im Vakuum	c	$= 2{,}997925 \cdot 10^{8}$ m s⁻¹
Faraday-Konstante	F	$= 9{,}64846 \cdot 10^{7}$ C kmol⁻¹
Planck-Konstante	h	$= 6{,}6262 \cdot 10^{-34}$ J s
Stefan-Boltzmann-Konstante	σ	$= 5{,}6703 \cdot 10^{-8}$ W m⁻² K⁻⁴
Wien-Konstante	K	$= 2{,}8978 \cdot 10^{-3}$ m K
Ruhmasse des Elektrons	m_e	$= 9{,}1095 \cdot 10^{-31}$ kg
Ruhmasse des Protons	m_p	$= 1{,}67265 \cdot 10^{-27}$ kg
Ruhmasse des Neutrons	m_n	$= 1{,}67495 \cdot 10^{-27}$ kg
Atomare Masseneinheit	u	$= 1{,}660566 \cdot 10^{-27}$ kg
Erdradius	6378 km	Sonnenmasse	$1{,}99 \cdot 10^{30}$ kg
Erdmasse	$5{,}98 \cdot 10^{24}$ kg	Erde—Mond	$3{,}84 \cdot 10^{5}$ km
Sonne—Erde	$1{,}495 \cdot 10^{8}$ km	Mondradius	1738 km
Sonnenradius	$6{,}96 \cdot 10^{5}$ km	Mondmasse	$7{,}35 \cdot 10^{22}$ kg

MIX
Papier aus verantwortungsvollen Quellen
Paper from responsible sources
FSC® C105338

If you have any concerns about our products,
you can contact us on
ProductSafety@springernature.com

In case Publisher is established outside the EU,
the EU authorized representative is:
**Springer Nature Customer Service Center GmbH
Europaplatz 3, 69115 Heidelberg, Germany**

Printed by Libri Plureos GmbH
in Hamburg, Germany